Oskar Zeise

Beitrag zur Kenntnis der Ausbreitung, sowie besonders der Bewegungsrichtlinien des nordeuropäischen Inlandeises in diluvialer Zeit

Salzwasser

Oskar Zeise

Beitrag zur Kenntnis der Ausbreitung, sowie besonders der Bewegungsrichtlinien des nordeuropäischen Inlandeises in diluvialer Zeit

1. Auflage | ISBN: 978-3-84606-979-0

Erscheinungsort: Paderborn, Deutschland

Erscheinungsjahr: 2015

Salzwasser Verlag GmbH, Paderborn.

Nachdruck des Originals von 1889.

Oskar Zeise

Beitrag zur Kenntnis der Ausbreitung, sowie besonders der Bewegungsrichtlinien des nordeuropäischen Inlandeises in diluvialer Zeit

Salzwasser

Beitrag zur Kenntnis der Ausbreitung, sowie besonders der Bewegungsrichtungen des nordeuropäischen Inlandeises in diluvialer Zeit.

Inaugural-Dissertation

zur

Erlangung der Dctorwürde

der

philosophischen Fakultät der Albertus-Universität

zu Königsberg in Pr.

vorgelegt

und mit den beigefügten Thesen

Mittwoch den 13. März 1889, mittags 12 Uhr,

öffentlich verteidigt

von

Oskar Zeise.

Opponenten:

Gagel, cand. phil.

Pompecki, cand. phil.

Seinen lieben Eltern

in Dankbarkeit

gewidmet

vom Verfasser.

I. Historische Einleitung.

Es sind skandinavische Forscher gewesen, welche zuerst die Ueberzeugung gewannen, dass die sogenannte Drifttheorie nicht imstande sei, die Entstehung der Glacialbildungen in diluvialer Zeit völlig zu erklären. Die erste Anregung hierzu kam ihnen durch die in Grönland gewonnenen Erfahrungen über das Verhalten des dortigen Inlandeises. Eine mächtige Unterstützung aber fand diese Anregung durch die grössere Einfachheit und Deutlichkeit der Glacialerscheinungen Skandinaviens gegenüber denen Norddeutschlands. So zeitigte sich denn in ihnen Schritt für Schritt die Ueberzeugung, dass nicht nur ihre eigene Heimat in diluvialer Zeit von einem ähnlichen Inlandeise bedeckt gewesen sei, wie in heutiger Zeit noch Grönland, sondern dass auch die süd- und ostwärts gelegenen Lande ein ähnliches Schicksal erlitten hätten.

Den öffentlichen Ausdruck dieser neu gewonnenen Anschauung gab zuerst, im Jahre 1864, Otto Torrel in der schwedischen Akademie der Wissenschaften. Weiteres veröffentlichte er sodann in seiner Einleitung zu L. P. Holmström's[1]) „Märken efter istiden". Unter der Annahme einer nur einmaligen Ausbreitung des Inlandeises unterscheidet O. Torrel fünf verschiedene Perioden der Eiszeit.

---

1) Märken efter istiden, jaktlagna i Skåne, Malmö, 1865.

Während die erste derselben mit der Zeit der grössten Ausbreitung des Inlandeises endigt, bilden die übrigen verschiedene Haltepunkte in dem Zeitraum der Abschmelzperiode. Die in so hohem Maasse merkwürdige Erscheinung, dass die im Allgemeinen von N. nach S. gerichtete Vorwärtsbewegung des Eises zu einer gewissen Zeit in eine solche von O. nach W. umschlug, — wodurch gotländische Blöcke nach Groningen in Holland und Jever in Oldenburg geführt wurden — verlegt er in den dritten dieser fünf Zeitabschnitte. Diesem also soll nach Torrel jener „baltische" genannte ostwestliche Eisstrom angehört haben.

Dieselbe Ansicht über Ausbreitung und Bewegungsrichtungen der Inlandeismassen, bei gleicher Teilung der Eiszeit in fünf Perioden, vertritt Otto Torrel[1]) fast ein Jahrzehnt später in seinen „Undersökningar öfver istiden". Wir finden hier eine:

I. Periode: Zeit der grössten Ausbreitung des Inlandeises, die noch heute durch die Grenzlinie der erratischen Blöcke bestimmt werden kann. (Die Stromrichtung war zwar nord-südlich, aber radial. Anmerk. d. Verf.)

II. Periode: Die Eismassen haben sich bedeutend vermindert. Der Waldai wurde nicht mehr überschritten, sondern gab durch seinen Widerstand dem Strome auf der andern Seite der Ostsee[2]) eine Richtung von Norden nach Süden. (Also keine radiale Richtung mehr; in Nord-

---

1) Overs. af Kongl. Vetensk.-Acad. Forhandl., Stockholm, 1874, pag. 62. Da weder eine Uebersetzung noch ein Referat im Neuen Jahrbuch über diese Arbeit vorliegt, so gebe ich hier eine wörtliche Uebersetzung.

2) Otto Torrel versteht als Schwede natürlich darunter die die Ostsee südlich begrenzenden Lande.

deutschland und dem angrenzenden Russland ein nord-südlicher Geschiebetransport. Anm. d. Verf.)

III. Periode: Die Eismassen haben sich noch mehr vermindert. Finland war wahrscheinlich noch ganz oder teilweise mit Eis bedeckt, das übrigens fortwährend das Ostseebecken füllte, aber jetzt im Osten durch den Widerstand der russischen und deutschen Ostseegestade gehemmt wurde. Das Eis musste sich deswegen in der Richtung der Mittellinie der Ostsee bewegen. Massen von gotländischen Blöcken wurden nach Groningen in Holland und Jever in Oldenburg geführt. Gewisse Teile des Festlandes von Schweden wurden vom Eise der Ostsee überschwemmt.

IV. Periode: Das Inlandeis wurde auf die Grenzen Skandinaviens beschränkt. Das Eis zog sich mehr und mehr gegen den Gebirgsrücken zurück.

V. Periode: Die Gletscher wurden auf die grossen Gebirgsthäler beschränkt.

Demselben Jahre gehören F. Johnstrup's[1]) Untersuchungen „Ueber die Lagerungsverhältnisse und die Hebungsphänomene in den Kreidefelsen auf Moen und Rügen an."

Hier werden die Dislokationserscheinungen auf Moen und Rügen als Folge der Wirkungen des Seitendruckes eines Inlandeisstromes erkannt, dessen in die Kreideschichten eingepressten Moränenbestandteile „auf eine bewegende Kraft in der Richtung der Hauptausdehnung der Ostsee hinweisen. Im Gegensatze zu O. Torrel verlegt F. Johnstrup diesen baltischen Strom jedoch schon in den Anfang der Eiszeit. Derselbe sagt:[2]) „Aus der zunehmenden Dicke des „Inlandeises" oder der Eisdecke

1) Z. d. D. g. G. 1874, pag. 533 ff.
2) loc. cit., pag. 564.

folgte eine immer grössere Verbreitung desselben. Die Ostsee musste dadurch allmälig erst mit umhertreibenden, später mit zusammengeschobenem und zuletzt mit festem Eis gefüllt werden, welches während des Vorrückens seine Wirkungen immer weiter weg von den Centralpunkten seiner Bildung ausdehnte.

Was ein Flussbett für Wassermassen ist, welche durch die Kraft der Schwere in Bewegung gesetzt werden, das ist die Ostsee demjenigen Teile des Eisstromes gewesen, der von Schweden und Finnland einen Ablauf durch dieselbe suchte. Bornholm war wegen seiner Lage den Angriffen desselben besonders ausgesetzt, wovon auch die nordöstliche Küste der Insel zahlreiche Spuren trägt. Alle jüngeren Bildungen, welche keinen hinlänglichen Widerstand gegen die zermalmende Kraft des Eisstromes leisten konnten, fehlen beinahe ganz an dieser Seite, während sie in der Leeseite (gegen W. und SW.) mehr geschont worden sind, wo der Granit eine hochliegende Wehr bildete, über welche hin das Eis gezwungen wurde sich einen Weg zu bahnen, wenn die Läufe (Strassen) nördlich und südlich von der Insel ihnen zu enge wurden. Wegen des Widerstandes, welchen Bornholm auf das Fortschreiten des Eisstromes auf diese Weise ausübte, wurde ein Teil desselben durch den engeren Lauf zwischen Cimbrishamn und Hammeren gepresst. An diesen beiden Punkten finden sich auch Schrammen von NO. gegen SW., und die Fortsetzung dieser Bewegungsrichtung trifft gerade das Fahrwasser zwischen Moen und Rügen und zielt unmittelbar gegen die Neustädter Bucht in Holstein.“

Ich habe diese Stelle wörtlich zitiert, weil sie für vorliegende Arbeit von Interesse ist; denn meine Ausführungen werden den direkten Beweis erbringen, dass in der That, wie F. Johnstrup vermutete, ein ost-westlicher

„baltischer" Eisstrom schon am Anfange der Eiszeit geflossen ist.

Im nächsten Jahre übertrug nun Otto Torrel seine Inlandeistheorie auch auf Norddeutschland. In der Sitzung der deutschen geologischen Gesellschaft vom 3. November 1875 entwickelte er, gestützt auf die kurz vorher von ihm in Augenschein genommenen Schliffflächen und parallelen Schrammen auf den Rüdersdorfer Kalkbergen, die Ansicht „dass sich eine Vergletscherung Skandinaviens und Finlands bis über das norddeutsche und nordrussische Flachland erstreckt habe."

Nicht übrigens Torrel hat diese Rüdersdorfer Schrammen zuerst entdeckt. Vielmehr ist die erste Beobachtung derselben G. Rose zuzuschreiben. Durch G. Rose erhielt Sefström während seines Aufenthaltes in Berlin von dieser Entdeckung Kenntnis und machte darüber Mitteilung an die schwedische Akademie der Wissenschaften.[1])

Diese Angabe hat wohl Torrel als gewichtiger Ausgangspunkt gedient. Auch das muss hervorgehoben werden, dass bereits vor dem Jahre 1875 Agassiz für Deutschland und Helmersen für Russland eine einstige Bedeckung mit Inlandeis gemutmasst hatten. Auch ein Deutscher, A. Bernhardi, (N. J. f. M. etc. 1832 pag. 257 ff.) weiland Professor an der Forstakademie zu Dreissigacker stellte sogar schon im Jahre 1832 die Hypothese auf, dass einst das Polareis bis an die südlichste Grenze des Landstriches reichte, welcher jetzt von nordischen Geschieben bedeckt wird.

Die neue Auffassung wirkte mächtig anregend; besonders von den jüngeren norddeutschen Geologen mit

---

1) Sefström: Undersökung af de räfflor, hvaraf Skandinaviens berg äro med bestämd riktning fårade, samt om deras sannolika uppkomst; K. V. A. Handl., 1836.

Ein Auszug dieser Arbeit ist erfolgt in Poggendorff's Annalen, Band 43, pag. 564, 1838.

Eifer aufgenommen, zeitigte sie eine Reihe kritischer Beobachtungen und Untersuchungen, die mehr oder weniger sämtlich für die Richtigkeit derselben sprachen.[1])

Eifrig lag man dem, namentlich durch F. Römer angeregten, wissenschaftlichen Studium der Geschiebe ob, um durch deren Heimatsbestimmung über die Bewegungsrichtungen der betreffenden Eisströme Klarheit zu erlangen.

Das Bestreben, eine Gliederung der norddeutschen Diluvialablagerungen durchzuführen, waltete natürlich schon lange vor dieser Zeit. Bereits im Jahre 1863 suchte Berendt[2]) für die Mark Brandenburg, 1866 für Ostpreussen zu gliedern. Für Schleswig-Holstein lagen hierauf bezügliche Arbeiten von Forchhammer und L. Meyn schon am Ende der 40er Jahre vor.[3]) 1879 gab dann Lossen[4]) eine Erweiterung der Berendtschen Gliederung, sowie eine Uebersicht der Gliederung der Diluvialablagerungen der verschiedenen Gebiete Norddeutschlands und angrenzender Länder.

Der neue Gesichtspunkt aber verlieh jetzt neuen Reiz. Zahlreiche Untersuchungen, namentlich von den Beamten

1) Beweise für die Torrel'sche Inlandeistheorie wurden gefunden in den geschliffenen Felsoberflächen von Rüdersdorf, Leipzig etc., in der allgemeinen Verbreitung nicht nur nordischer, sondern, was bedeutungsvoller ist, auch einheimischer geschrammter Geschiebe. ferner in den oberflächlichen Schichtenstörungen der baltischen Kreide und des Tertiärs von Norddeutschland, sowie in den hiermit in ursächlichem Zusammenhange stehenden, vielerorts beobachteten Lokalmoränen.

2) Die Diluvialablagerungen der Mark Brandenburg, insbesondere der Umgegend von Potsdam, 1863; Vorbemerkungen z. geolog. Karte der Provinz Preussen, Schriften der Königl. physik.-ökonomischen Gesellschaft zu Königsberg, 1866.

3) J. G. Forchhammer, Die Bodenbildung der Herzogtümer Schleswig, Holstein nnd Lauenburg 1846. — L. Meyn, Geognostische Beobachtungen in den Herzogtümern Schleswig-Holstein. Altona 1848.

4) Der Boden der Stadt Berlin, p. 818 ff. Berlin, 1879.

der Preussischen geologischen Landesanstalt, entstanden unter demselben. Das neu Gewonnene und neu wieder Durchgearbeitete zusammenfassend, gab 1885 Dames in seinen „Glacialbildungen der norddeutschen Tiefebene“ [1]) ein Gesamtbild von der Entstehung unserer Diluvialbildungen[2]), das zur Zeit, und wohl auch noch für die Folge,

---

1) Sammlung gemeinverständlicher wissenschaftlicher Vorträge, herausgegeben von Rud. Virchow und Fr. von Holtzendorf. Heft 479, Berlin, 1886.

Die von W. Dames in diesem Aufsatze zu Grunde gelegte Gliederung der Glacialablagerungen ist die folgende:

1. Praeglacialzeit . . . . . Praeglac. Ablagerungen.
2. Zeit d. I. Eisbedeckung . Unt. Geschiebemergel.
3. Interglacialzeit . . . . . Interglac. Ablagerungen.
4. Zeit d. II. Eisbedeckung . Ober. Geschiebemergel.
5. Zeit d. abschm. Eises . . Postglac. Ablagerungen.

Nicht nur, dass diese Gliederung unsere sämtlichen Diluvialhorizonte umfasst, sondern es lassen auch diese Bezeichnungen keinen Zweifel über deren Alter auftauchen, wenn man als glaciale Ablagerungen, wie W. Dames es thut, nur die durch die wirkliche Eisbedeckung hervorgerufenen bezeichnet.

Die neuerdings von A. Jentzsch vorgeschlagene Einteilung in ein Frühglacial, Altglacial, Interglacial und Jungglacial (Ueber die neueren Fortschritte der Geologie Westpreussens. Schriften der Naturforschenden Gesellschaft zu Danzig, N. F. Bd. VII, Heft 1, pag. 5, Leipzig 1888) könnte doch vielleicht, was die Bezeichnungen Frühglacial und Altglacial angeht, Irrungen hervorrufen; wenngleich man die Berechtigung der Gründe, die A. Jentzsch z. B. gegen die Bezeichnung praeglacial anführt, nicht verkennen darf. In diesem Sinne glücklicher gewählt scheint mir die von F. Wahnschaffe in „die Quartärbildungen der Umgegend von Magdeburg“ (Abhandl. zur geolog. Specialkarte von Preussen und den Thüringischen Staaten, Bd. VII, Heft 1, pag. 103) durchgeführte Gliederung in altglaciale, mittelglaciale und spätglaciale Ablagerungen. Bei gleicher Deutlichkeit hat diese Einteilung vor der Dames'schen noch den Vorteil der Kürze voraus.

2) Eine dasselbe Thema behandelnde Arbeit, die jedoch auf dem Boden der Drifttheorie steht, ist vor einigen Jahren von J. Roth veröffentlicht. Die Arbeit ist betitelt: „Die geologische Bildung der norddeutschen Ebene“ und erschien in zweiter Auflage 1885 ebenfalls in Virchow's und von Holtzendorff's Vorträgen.

als beste Einführung in das Studium unserer Glacialablagerungen zu gelten hat.

Zwischen jener alten und dieser neuen Anschauungsweise nimmt eine vermittelnde Stellung eine Arbeit von G. Berendt ein „Gletschertheorie oder Drifttheorie in Norddeutschland?“ [1]) G. Berendt glaubt hierin die Entstehung der Diluvialablagerungen am besten durch eine Vereinigung der Gletschertheorie mit der Drifttheorie erklären zu sollen. Einer der Gründe, welche nach ihm gegen die reine Inlandeistheorie sprechen, dürfte darin liegen, dass uns die überall wiederkehrende Wechsellagerung geschichteter Gebilde mit den direkt auf den Gletscher deutenden geschiebeführenden, auf ebenso viele Vor- und Rückschritte des Gletschereises verweisen, so dass wir mindestens zu einem zweimaligen Vorrücken und Zurückziehen der Vereisung über die ganze Fläche Norddeutschlands und des angrenzenden Russlands gezwungen würden: Eine Ansicht, vor welcher man jetzt nicht mehr zurückschreckt, die jedoch damals noch befremdend wirkte.

Zu derselben Zeit jedoch erschien bereits A. Helland's[2]) Arbeit „Ueber die glacialen Bildungen der nordeuropäischen Ebene“. Zum Schlusse derselben wirft A. Helland eben diese Frage auf, ob nämlich das Inlandeis nur einmal oder vielleicht mehrmals die norddeutsche Ebene überzogen habe und gelangt zu dem Ergebnisse: „Da die Forscher, die sich mit der Gliederung des Diluviums beschäftigt haben, fast immer zwei Geschiebelehme unterscheiden, ist es nicht unwahrscheinlich, dass sich nur zwei Gletscherinvasionen ergeben werden, dem Oberen und Unteren Geschiebelehme der deutschen Geologen entsprechend.“

1) Z. d. D. g. G. 1879, pag. 1 ff.
2) Z. d. D. g. G. 1879, pag. 63 ff.

Noch in demselben an Diluvial-Litteratur reichen Jahre 1879 sucht A. Penck[1]) in seiner „Geschiebeformation Norddeutschlands“ sogar eine dreimalige Vergletscherung wahrscheinlich zu machen. Wenn er auch mit dieser Auffassung wenig Anklang fand, so sind doch die Arbeiten Penck's von entschiedenem Einflusse auf die Annahme der Inlandeis-Theorie[2]) und einer Interglacialzeit gewesen.

Diese Ansicht von einer zweimaligen, durch eine lange Interglacialzeit unterbrochenen Vergletscherung — während welcher Pause sich das Eis nach Norden bis über Schonen hinaus zurückzog[3]), so dass Norddeutschland und die Ostsee wieder der Vegetation und dem tierischen Leben erschlossen wurden[4]) — diese Ansicht brach sich nun allmählich mehr und mehr Bahn. Damit war aber zugleich auch die Frage gegeben, ob die Bewegungsrichtungen der beiden Vereisungen dieselben oder aber verschiedene gewesen seien, bezw. welche Richtungen sie gehabt hätten.

Es fehlte nicht an Antworten. Schon 1880 hatte G. de Geer auf den Rüdersdorfer Kalkbergen zwei bestimmte Schrammensysteme nachgewiesen[5]), welche zwei verschie-

---

1) Z. d. D. g. G., 1879, pag. 117 ff.

2) Auch H. Credner's Arbeiten sind hier von bedeutendem Einflusse. cf.: Über die Vergletscherung Norddeutschlands während der Eiszeit. Verhandl. d. Ges. f. Erdk. zu Berlin, 1880, No. 8.

3) Im südlichen Schweden sind über der unteren Grundmoräne Sedimente mit arktischen Meeresresten gefunden worden, welche wahrscheinlich der interglacialen Stufe entsprechen.

4) cf. A Jentzsch, Z. d. D. g G., 1880, pag. 666, sowie Jahrb. d. preuss. geol. Landesanstalt, 1882, pag. 356 u. 1884, p. 492 ff.; K. Keilhack, Ueber ein interglaciales Torflager im Diluvium von Lauenburg an der Elbe. J. d. k. p. g. L. für 1884, pag. 211 ff.; F. Wahnschaffe, Die Quartärbildungen der Umgegend von Magdeburg, Abhandlungen zur geolog. Specialkarte von Preussen und den Thüringischen Staaten. 1885, Bd. VII, Heft 1, p. 60; G. Berendt, Z. d. D. g. G., 1885, p. 550.

5) O. Torrel, Verhandlungen d. Berliner Gesellschaft f. Anthropologie, Ethnologie etc., Jahrg. 1880, pag. 154, Anmerkung.

dene, auf einander folgende Phasen der Eisbewegung bekunden sollten. Dann hatte F. Wahnschaffe[1]) noch im selben Jahre auf dem Bonebedsandstein bei Velpke und Danndorf, neben einem älteren Schrammensystem, das im Mittel N. 27° O. streicht, an ersterem Orte auch ein jüngeres System aufgefunden, dessen Abweichung vom geogr. Nordpol 84,3° gegen Ost beträgt. Derselbe Verfasser gab im Jahre 1883[2]) eine Uebersicht über die bis dahin im norddeutschen Glacialgebiete bekannt gewordenen Fundorte von Glacialschrammen auf anstehendem Gestein. Es sind das die folgenden:

1. Aelteres Schrammensystem:

Beobachter.	Ort.	Formation resp. Gestein.	Richtung der Schrammen.
Hamm, Z. d. D. g. G., Jahrgang 1882, pag. 629; W. Bolsche, V. Jahresber. d. naturw. Ver. z. Osnabrück, 1883 (Bestät. d. Angaben Hamm's)	Piesberg bei Osnabrück	Sandstein der productiven Steinkohlenformation	N. 10—15° O.
F. Wahnschaffe, Z. d. D. g. G., Jahrg. 1880, pag. 774	Velpke u. Danndorf unweit Oebisfelde	Bonebedsandstein	N. 27° O.
F. Wahnschaffe, Z. d. D. g. G., Jahrg. 1883, pag. 831	Gommern unw. Magdeburg	Culmsandstein	N. 6° O.
O. Luedecke, N. Jahrb. f. Min. etc., Jahrg. 1879, pag. 567	Galgenberg bei Halle u. Kapellenberg, Reinsdorfer Berg u. Pfarrberg bei Landsberg	Quarzporphyr	N.—S.
A. Penck, Z. d. D. g. G., Jahrg. 1879, pag. 131; H. Credner, Z. d. D. g G., Jahrg. 1879, pag. 23	Dewitzer Berg bei Taucha unweit Leipzig	Quarzporphyr	NW.—SO.

1) Ueber Gletschererscheinungen bei Velpke und Danndorf, Z. d. D. g. G., 1880, pag. 774.

2) Ueber Glacialerscheinungen bei Gommern unweit Magdeburg, Z. d. D. g. G., 1883, pag. 831. Taf. XXVI—XXVII.

Beobachter.	Ort.	Formation resp Gestein.	Richtung der Schrammen.
H. Credner, Z. d. D. g. G., Jahrg. 1879, pag. 21; F. Schalch, Section Brandis, Erläut. dazu, pag. 41--43	Kleiner Steinberg bei Taucha unweit Leipzig	Quarzprophyr	NNW. — SSO.
C. F. Naumann, Ber. d. kgl. sächs. Akad. d. Wiss. 1847, pag. 392—410; A. Heim N. J. f. M. etc., Jahrg. 1880 pag. 608—610; K. Dalmer. Erl. z. Sektion Thallwitz pag. 23—26	Hohburger Schweiz bei Wurzen	Porphyr	N. 60° W. — S. 60° O.
K. Dalmer, Ber. d. naturf. Ges. zu Leipzig, Jahrg. 1883, pag. 86; ebenderselbe, Erl. z. Sektion Thallwitz, pag. 23—26	Wildschütz bei Eilenburg	Porphyr	N. 60° W. — S. 60° O.
Siegert, 1882, dargestellt auf der Sektion Oschatz	Alt-Oschatz bei Oschatz	Quarzporphyr	N. 35 — 40° O.
E. Dathe, N. J. f. M. etc., Jahrg. 1880, Bd. I, pag. 92	Lommatsch	Gneiss-Granit	N. — S.
E. Laufer, Jahrb. d. pr. geol. Landesanstalt, Jhrg. 1880, pag. 33; ebenderselbe, N. J. f. M. etc., Jahrg. 1881, Bd. I, pag. 261	Hermsdorf in der Mark	Septarie des Septarienthones	NNO. — SSW.?
G. Berendt, Z. d. D. g. G., Jahrg. 1882, pag. 658	Joachimsthal in der Mark	Septarie des Septarienthones	NNO. — SSW.
O. Torrel, Z. d. D. g. G. 1875, pag. 961; ebenderselbe, Verh. d. Berl. Ges. für Anthropologie etc., Jahrg. 1880, pag. 154, Anmerk. (Beobachter de Geer.) A. Orth, Rüdersdorf u. Umg. auf geog. Grundl. agron. bearb., Berlin 1877, pag. 20; F. Wahnschaffe, Blatt Rüdersdorf, Erl. z. geolog. Spezialkarte v. Preuss. etc., 1883, auf pag. 16 dieser Arbeit werden die Schrammenmessungen de Geers mitget.; F Wahnschaffe, Z. d. D. g. G., Jahrg. 1881, pag. 710.	Rüdersdorf	Muschelkalk	N. 23° W.

2. Jüngeres Schrammensystem:

Beobachter.	Ort.	Gestein.	Richtung der Schrammen.
F. Wahnschaffe, loc. cit.	Velpke unweit Oebisfelde	Bonebedsandstein	W. 5⁰ S.
F. Wahnschaffe, loc. cit.	Gommern bei Magdeburg	Culmsandstein	N. 25⁰ W.
O. Luedecke, loc. cit.	Pfarrberg bei Landsberg	Quarzporphyr	N. 30⁰ W.
de Geer (cf. Torrel, Verh. d. Berl. Ges. für Anthropologie etc., Jahrg. 1880 pag. 154. Anmerk.); F. Wahnschaffe, Blatt Rüdersdorf, pag. 16	Rüdersdorf	Muschelkalk	wahrscheinlich N. 81⁰ W.
K. Dalmer, loc. cit.	Wildschütz bei Eilenburg	Porphyr	N. 60—80⁰ O.

Die Richtung des älteren Schrammensystemes, sowie die Verbreitung der Geschiebe[1]) führen, wie F. Wahnschaffe betont, zu der Annahme eines von N. nach Süden vorrückenden und sich fächerförmig im norddeutschen Flachlande ausbreitenden Eisstromes.

In Bezug auf das jüngere Schrammensystem, das wie die Liste erhellt, eine W.-O.- resp. NW.-SO.-Richtung hat, — mit Ausnahme eines Ortes, in welchem die Schrammen ONO.-WSW. verlaufen — bemerkt F. Wahnschaffe: „Ob die beobachteten jüngeren Systeme als lokale Abweichungen aufzufassen sind, welche nur für die Gegend, in der sie auftreten, eine Bedeutung haben, oder ob sie als ein

1) Nach neueren Arbeiten von Dames, Felix, Geinitz, Gottsche, Haas, Jentzsch, Neef, Noetling, Penck und Remelé.

Namentlich hat C. Gottsche über die Richtungen des Geschiebetransportes, während der ganzen Dauer der Eiszeit, wertvolle Untersuchungen gemacht (Sedimentärgeschiebe der Prov. Schleswig-Holstein mit 2 Karten, Jokohama 1883. cf. die Karten.)

zweites allgemeines System dem sogenannten baltischen Eisstrom ihre Entstehung verdanken, lässt sich gegenwärtig noch nicht mit Sicherheit entscheiden, denn keineswegs bilden sie ein so einheitliches System, wie die älteren Schrammen mit ihrem regelmässigem, nach Süd gerichteten radialen Auseinandergehen.[1])"

Trotz der vielen Zweifel, welche darüber laut wurden, dass die beiden Schrammensysteme auf eine zeitliche Verschiedenheit in den Bewegungsrichtungen der Eismassen zurückzuführen seien[2]), gewann die Auffassung, dass das jüngere Schrammensystem dem von Otto Torrel erkannten „baltischen" Eisstrom seine Entstehung verdanke, mehr und mehr an Boden.[3])

Hierzu trugen in nicht unbedeutendem Maasse die Holmström'schen[4]) Untersuchungen bei, welche nämlich einen baltischen Eisstrom für das südliche Schweden höchst wahrscheinlich gemacht hatten. Auf Grund von Schrammen- und Moränenuntersuchungen hatte Holmström dort nämlich das einstige Dasein von zwei Eisströmen nachgewiesen, welche während verschiedener Perioden der Eiszeit völlig verschiedene Bewegungs-Richtungen besessen haben mussten. Derselbe nahm an, dass die untere Moräne von Nordosten hergekommen sei, die obere von Südosten. Diese letztere, jüngere also glaubte er durch den „baltischen" Eisstrom gebildet.

---

1) „Ich würde gern geneigt sein, dem jüngeren System von Rüdersdorf und Velpke eine O.-W.-Richtung beizulegen. doch sprechen die bisherigen Beobachtungen nicht dafür.

2) So besonders von A. Penck. cf. die Vergletscherung der deutschen Alpen, 1882, pag. 39 u. 40.

3) Trotz des Widerspruches mit den Beobachtungen, die eine westöstliche Stromrichtung, mit Ausnahme eines Ortes, ergeben.

4) Märken efter istiden, jakagna i Skåne, Malmö 1865; ferner Jakt. ö. istiden i södra Sverige, Lund 1867, und bildningar från och ester istidem vid Klågerup. O. af K. V. A. förh., 1873.

Auch die Johnstrup'schen[1]) Untersuchungen über die Schrammenrichtungen und den Geschiebetransport auf den Inseln Seeland und Bornholm übten in dieser Hinsicht einen Einfluss aus. Dieselben ergaben zunächst eine Bestätigung des von Johnstrup schon 1874 vermuteten älteren baltischen Eisstromes zu Anfang der Vereisung mit NO.-SW.-Richtung. Sodann aber wies Johnstrup auch das einstige Dasein des oben erwähnten jüngeren „baltischen" Eisstromes nach; und zwar gestützt auf ein jüngeres Schrammensystem, das auf beiden Inseln SO.-NW. resp. OSO.-WNW. verläuft.[2])

Als dann im Jahre 1884 de Geer in seiner Arbeit „Ueber die zweite Ausbreitung des skandinavischen Landeises",[3]) hauptsächlich auf Grund der Verbreitung der von ihm nur im Oberen Geschiebemergel vermuteten Ålandsgesteine, nicht nur für das südliche Schonen die Untersuchungen Holmström's über den baltischen Eisstrom bestätigte, sondern auch den Oberen Geschiebemergel Norddeutschlands und Dänemarks geradezu als die Moräne des „baltischen" Eisstromes ansprach, wurde die Ansicht, dass das jüngere Schrammensystem diesen „baltischen" Eisstrom andeute, unter den Glacialgeologen Norddeutschlands allgemein.

G. de Geer betonte auch in Uebereinstimmung mit den Untersuchungen Penck's[4]) und Klockmann[5]), dass die zweite,

---

1) Oversigt over di geogn. Forhold i Danmark, Kjöbenhawn, 1882.

2) Das auf den Inseln Seeland und Bornholm im Allgemeinen nordsüdlich streichende ältere Schrammensystem ist wohl zur Zeit der grössten Mächtigkeit des ersten Inlandeises erzeugt.

3) Geol. För. i Stockholm Förhandl., Bd. VII., No. 91, pag 436 ff., 2 Taf., 1884; von Wahnschaffe übersetzt in der Z. d. D. geolog. G., 1885, pag 177 ff., Tafel XII—XIII.

4) cf.: „Mensch und Eiszeit", Archiv für Anthropologie Bd. XV, Heft 3, mit 2 Taf. 1884.

5) Die südliche Verbreitungsgrenze des Oberen Geschiebemergels., Jahrb. d. K. Preuss. geol. Landesanstalt u. Bergakademie f. 1883, pag. 238 ff.

die „baltische“ Eisinvasion die erste an Mächtigkeit nicht erreichte.[1])

So konnte also, zusammenfassend, W. Dames[2]) sagen: „Jedoch weicht diese zweite Invasion in zwei wichtigen Eigenschaften von der ersten ab, einmal in der Richtung, die sie nahm, und dann in der Ausdehnung nach Süden, die sie erreichte.

Wie oben erwähnt, dehnte sich die erste Invasion von Skandinavien fächerförmig über unsere Tiefebene aus, wie das die Richtung der Schrammen und die Verteilung der Geschiebe erkennen lässt. Während die Schrammenrichtung der ersten Invasion, gemäss der Fächerausbreitung, im Centrum der Tiefebene im Allgemeinen eine Richtung NNW.-SSO. (Rüdersdorf, Lommatsch, Leipzig), im Westen eine solche NNO.-SSW. (Velpke, Osnabrück) zeigt, ist diejenige der zweiten Invasion ausgesprochen ost-westlich (jüngeres Schrammensystem von Rüdersdorf und Velpke), und dadurch wird angezeigt, dass auch die Grundmoräne des Inlandeises, welche sie erzeugte, dieselbe Richtung ihrer Fortbewegung einschlug.“

Dies sind in kurzen Zügen die Hauptmomente in der Entwicklung der Ansichten über die Bewegungsrichtungen des Inlandeises bis zum Frühjahr 1886, in welchem Herr Prof. Dames dem Verfasser den Vorschlag machte, auf Grund von Untersuchungen des Geschiebeinhaltes der beiden Moränen in der Provinz Schleswig-Holstein gewissermaassen eine Probe auf die Richtigkeit der vermuteten Bewegungsrichtungen der beiden Vereisungen zu machen.

---

1) Schon Forchhammer und Meyn, und später Berendt und seine Mitarbeiter erkannten, dass unser Oberer Geschiebemergel weniger mächtig als der Untere ist. Auch Credner, Lossen, Penck und zahlreiche Andere machten immer wieder dieselbe Beobachtung.

2) loc. cit. pag. 32.

Der Verlauf dieser Untersuchungen wird nun lehren, dass in Norddeutschland allerdings während der Zeit der zweiten Vereisung, aber auch bereits zu derjenigen der ersten, und zwar im Anfange derselben, ein ost-westlicher Geschiebetransport stattgefunden hat. Es hat also zwei zeitlich verschiedene „baltische“ Eisströme gegeben. Ja möglicherweise sogar deren drei, nämlich noch einen dritten am Ende der ersten Vereisung. Im Folgenden beschäftigt uns jedoch hauptsächlich der Nachweis, dass eben schon zur Zeit der ersten Vereisung eine ostwestliche Bewegung des Eises stattgefunden hat.

II. Geologischer Teil.

a) Gliederung der Diluvialbildungen in Schleswig-Holstein.

Die Unterlage der Diluvialablagerungen in Schleswig-Holstein wird, wie fast überall in Norddeutschland, durch tertiäre Schichten gebildet. Vorzugsweise ist es das Miocän in seinen beiden Facies als Glimmer- und Kaolinsand und als Glimmerthon. So finden wir z. B. bei Langenfelde, in der Nähe von Altona, den Glimmerthon direkt von Unterem Geschiebemergel überlagert, während am Roten Kliff auf Sylt Kaolinsande das unmittelbar Liegende der diluvialen Ablagerung bilden.

Erst in jüngster Zeit ist als Liegendes der Diluvialformation an zwei Punkten ein wesentlich älteres Tertiärglied, mitteloligocäner Septarienthon, aufgefunden worden.[1])

1) C. Gottsche, Sitzungsberichte der Königl. Preuß. Akademie der Wissenschaften zu Berlin XXX. 1887 und Z. d. D. g. G., 1887, pag. 623 u. 624; O. Zeise, Neues Jahrbuch für Mineralogie etc. 1888. Bd. II. pag. 171. cf. bezüglich des Mitteloligocäns von Itzehoe, das vor Gottsche auch schon die Herren Professoren Karsten und Haas aufgefunden hatten, auch Haas, Schriften des naturw. Vereins für Schleswig-Holstein 1888.

An beiden Punkten, bei Itzehoe und bei Burg in Ditmarschen, überlagert der Untere Geschiebemergel direkt den Septarienthon, der sich übrigens an ersterem Orte mit seinem Liegenden in ausserordentlich gestörter Lagerung befindet, wie das H. Haas[1]) nachgewiesen hat.

Nur an wenigen Orten werden unsere Glacialbildungen, so weit man bis jetzt erkannt hat, direkt von älterem als tertiärem anstehendem Gesteine unterteuft. Das ist einmal der vermutlich dem Zechstein zuzurechnende Segeberger Gyps, welcher aus der Diluvialformation als eine Insel von ziemlich bedeutender Höhe hervorragt. Es reihen sich daran die vielleicht derselben Formation, vielleicht auch der Trias, angehörigen roten Thone von Schobull bei Husum und Lieth bei Elmshorn; und endlich die senone Kreide von Lägerdorf und Hemmingstedt-Heide.[2]) Die Kreide von Heiligenhafen dagegen dürfte vielleicht nur eine Scholle im Diluvium sein. Jedoch ist hierbei nicht zu vergessen, dass von Verschiedenen, wie Berendt und Jentzsch, hervorgehoben wurde, dass derartige grosse Schollen stets in der Nähe anstehenden Gesteines sich finden.

An allen drei Punkten überlagert der Untere Geschiebemergel unmittelbar dieses ältere anstehende Gestein.

Was die Gliederung der Diluvialablagerungen in Schleswig-Holstein[3]) betrifft, so ist dieselbe eine derjenigen

---

1) H. J. Haas, Ueber die Stauchungserscheinungen im Tertiär und Diluvium in der Umgebung von Itzehoe etc., J. Lehmann's Mitteilungen, Bd. I., Heft 1, pag. 1, 1888.

2) Wie mir Herr Dr. Gottsche, in dessen Besitze sich die Bohrproben von Hemmigstedt-Heide befinden, freundlichst mitteilte, findet an einer Stelle allerdings eine unmittelbare diluviale Bedeckung der senonen Oelkreide statt. Die Bohrproben einer an anderer Stelle erfolgten zweiten Bohrung ergäben jedoch eine Einschaltung von miocänen und vielleicht auch oligocänen Sedimenten.

3) L. v. Buch (Ueber eine Muschelumgebung der Nordsee, Monatsber. der Preuss. Akad. d. Wiss., 1851, und Beyrich, Z. d. D. g.

des übrigen Norddeutschlands ganz analoge. Schon Forchhammer unterschied zwei durch „Korallensande“ getrennte Geschiebethonbänke, deren untere L. Meyn später mit dem Namen Korallen- oder Moränenmergel belegte, deren obere er Blocklehm nannte. A. Jentzsch[1]), A. Penck[2]) und C. Gottsche[3]) identificierten dann die beiden Mergelbänke einerseits mit dem Unteren und Oberen Geschiebemergel der Mark und Ostpreussens, andererseits mit dem blå und gul krostensler Südschwedens. Sie schlugen für die beiden Mergelbänke die in der Mark gebräuchlichen Bezeichnungen Unterer und Oberer Geschiebemergel vor. Ausdrücke, welche schon deshalb den Meyn'schen[4]) vorzuziehen sind, weil sie ohne Weiteres den geologischen Horizont erkennen lassen.

Dass die von L. Meyn mit dem Namen „Alt-Diluvium“[5]) oder auch „steinfreies Diluvium“ belegten Ablagerungen teilweise in höhere Horizonte zu stellen sind, ist 1876 bereits von A. Jentzsch ausgesprochen worden. Auch neuerdings betonte wieder C. Gottsche[6]), dass sie sich in ihrem bisherigen Umfange nicht als selbstständiges Glied

---

G., 1852 pag. 498—99) lieferten dazu auch Beiträge. Auch Berendt und in neuester Zeit Haas haben sich mit der Gliederung der Diluvialablagerungen Schleswig-Holsteins beschäftigt.

1) Schriften d. physik.-ökon. Gesellschaft, 1876, pag. 130—32.

2) A. Penck, Geschiebeformation Norddeutschlands, Z. d. D. g. G., 1879, pag. 168 ff.

3) Sedimentärgeschiebe d. Provinz Schleswig-Holstein, Jokohama, 1883, pag. 4

4) Die Meyn'schen Bezeichnungen Korallenmergel und Blocklehm haben im Allgemeinen nur petrographischen, keinen geologischen Wert.

5) Im Gegensatze zum Mitteldiluvium, worunter L. Meyn die Cyprinenthone, den Korallensand und den Blocklehm zusammenfasste.

L. Meyn kannte die Cyprinenthone nur an sekundärer Lagerstätte als Schollen im Unteren Geschiebemergel, daher die Einverleibung in's Mitteldiluvium.

6) loc. cit. pag. 4.

des Schleswig-Holsteinischen Diluviums aufrecht erhalten lassen.

Vielfach ist von deutschen Diluvialforschern hervorgehoben worden, dass die von Beyrich „Brockenmergel" genannten und die sogenannten „geschiebefreien" Thone in Wirklichkeit nicht völlig geschiebefrei zu sein pflegen. So hat auch Lesche[1]) darauf hingewiesen, dass der Brockenmergel vom Brodtener Ufer bei Travemünde in der Neustädter Bucht nicht geschiebefrei, sondern nur geschiebearm sei. Nicht nur von dem genannten Orte kann ich diese Beobachtung bestätigen, sondern ich nehme sie auch für die meisten der von mir besuchten Brockenmergel-Lokalitäten Meyn's in Anspruch.[2]) Diese geschiebearmen, keine Schichtung besitzenden Ablagerungen scheinen den Unteren Geschiebemergel zu vertreten. Man wird daher zu der Annahme gedrängt, dass sie eine lokale Facies des Unteren Geschiebemergels vorstellen.[3])

Wenn so einerseits Ablagerungen vom Alter des

1) Anteckningar om de lösa jordlagren vid Travemünde, Ofvers. af Kgl. Vetensk.-Acad. Förh., Stockholm, 1874, p. 25.

2) So erkannte ich z. B. Meyn's „Mergellager" vom Alter des „alten steinfreien Diluviums" bei Burg in Ditmarschen (Mitt. aus der 12. Generalversammlg. d. Schleswig-Holst. Ingenieur-Vereins, Flensburg, 1870) als durch Aufnahme mitteloligocänen Septarienthones veränderten Unteren Geschiebemergel. cf. N. J. f. M. etc. 1888 Bd. II pag. 172. Steinführend erwiesen sich mir ferner sämtliche der von mir besuchten an den Umrandungen der Föhrden gelegenen Brockenmergellokalitäten Meyn's.

3) Zu dieser Auffassung bekennt sich auch neuerdings H. Haas (Die geolog. Bodenbeschaffenheit Schleswig-Holsteins. Kiel und Leipzig 1889 pag. 71). Derselbe (loc cit.) hält die steinfreien Facies jedoch für umgearbeiteten und geschlämmten Unteren Geschiebemergel und glaubt diesen Vorgang, bez. der Vorkommnisse an den Umrandungen d. Föhrden, in innige Verbindung mit der Bildung der Föhrden (Derselbe, loc. cit., und Studien über die Entstehung der Föhrden etc., J. Lehmann's Mitteilungen aus d. Mineralog. Inst. d. Univ. Kiel) setzen zu müssen.

„steinfreien Diluviums" in einen höheren Horizont gestellt werden mussten, erwiesen sich andererseits von L. Meyn zum „Mitteldiluvium" gezogene Ablagerungen, nämlich die Cyprinenthone Schleswigs,[1]) als „altdiluvial."

An mehreren Orten, auch im Holsteinischen, sind solche „altdiluviale" versteinerungsführende Sedimente nachgewiesen worden.

Die Reihe nach oben schliesst der von L. Meyn als „jungdiluvial" vom „Mitteldiluvium" abgetrennte Geschiebesand. So gliedert sich also das Schleswig-Holsteinsche Diluvium in folgender Weise:

Hauptglieder.	Petrographischer Ausbildung und Fundorte organischer Reste.	Meyn's Gliederung.
Postglacial	Decksand (Geschiebesand, Blachfeldsand und Haidesand Meyn's) und Endmoränen.	Alt-Alluvium und Jung-Diluvium.
II Glacial	Oberer Geschiebemergel; meist von gelber, aber auch v. blaugrauer Farbe.	Mittel-Diluvium z. T. Alt-Diluvium.
Interglacial	Thone, Korallensande (Bryozoensand) und Grande. Austernbänke von Tarbeck, Blankenese u. Waterneversdorf. Sande mit Cardium edule (massenhaft) von Moelln und Lauenburg; vereinzelte Funde von Purpura lapillus bei Kiel. Torflager bei Lauenburg und Schulau.	
I Glacial	Unterer Geschiebemergel; meist von blaugrauer, aber auch v. gelber Farbe.	
Praeglacial	Thone, Sande und Grande. Cyprinenthone Schleswigs (Kekenishoi auf Alsen u. Christiansminde bei Apenrade) Thon von Fahrenkrug und Tarbeck im östl. Holstein und Burg in Ditmarschen, Sande mit Cardium edule (massenhaft) bei Lauenburg.	z. T. Mittel-Diluvium Alt-Diluvium.

1) So wies C. Gottsche nach, dass der miocäne Glimmerthon bei dem Leuchtfeuer von Kekenis auf Alsen direkt von dem Cyprinenthon überlagert wird, der seinerseits den Unteren Geschiebemergel unterteuft (loc. cit. pag. 3).

Nirgends in den von mir untersuchten Gebieten hat sich ein Beleg finden lassen für die von A. Penck in seiner „Geschiebeformation Norddeutschlands“ auch für Schleswig-Holstein vertretene Ansicht einer dreimaligen Vergletscherung.[1]) Wie schon oben bemerkt, wurde ja vielerorts die direkte Unterteufung des Unteren Geschiebemergels (Korallenmergel Meyn's) durch älteres anstehendes Gestein beobachtet. Nur von einem einzigen Orte aber, nämlich vom Brodtener Ufer bei Travemünde in der Neustädter Bucht, kenne ich drei durch Sande von grösserer Ausdehnung und Mächtigkeit getrennte, übereinander lagernde Geschiebemergelbänke.

Das Profil[2]), welches ich vor etwa 2 Jahren am südlichen Ende des Steilufers aufnahm, ist von oben nach unten folgendes:

6. Oberer Geschiebemergel, gelb, sehr geschiebereich . . . . 2,80 m
5. Weisse Sande, grob geschichtet, gestaucht . . 1,35 „
4. Weisse Sande, sehr fein geschichtet, gestaucht 3,00 „

---

1) Schon C. Gottsche erklärt, die von A. Penck mittwegs Schulau und Wittenbergen unter dem Unteren Geschiebemergel (Korallenmergel Meyn's) aufgefundenen, und von ihm als das Schlämmprodukt eines Geschiebemergels, „der diesem Prozesse jedenfalls grösstenteils zum Opfer gefallen ist, oder in grosser Tiefe ansteht“, angesprochenen steinführenden geschichteten Thone für das feine Material von Gletscherbächen. cf. C. Gottsche, Sedimentärgeschiebe pag. 4. Diese geschichteten Thone konnten trotz wiederholten Suchens in den letzten Jahren von C. Gottsche und mir nicht wieder aufgefunden werden. Ich pflichte der Ansicht Gottsche's vollständig bei, umsomehr, als Einlagerungen geschichteter Partieen im Geschiebemergel eben keine seltene Erscheinung sind; es spricht vieles dafür, dass der Untere Geschiebemergel am Schulauer Ufer noch in der Tiefe fortsetzt.

2) Diese Schichtenfolge konnte ich am nordsüdlich streichenden Steilufer ungefähr 50 m weit verfolgen; ihre weitere Beobachtung wurde nach beiden Seiten hin durch herabgestürzte Massen des Oberen Geschiebemergels gehindert.

S. N.

3. Geschiebemergel, blaugrau, stellenweise gelb 1,50 m
2. Eisenschüssige Sande mit viel Bryozoen, gestaucht (Korallensand Meyn's) . . . . . . 2,70 „
1. Unterer Geschiebemergel (Brockenmergel Meyn's) graublau, geschiebearm, weiter nördlich an Geschieben reicher . . . . 6,50 „
bis zum Strande. Volle Mächtigkeit unbekannt.

Offenbar liegt hier aber nur eine kleinere Oscillation der Gletscher während der ersten, bezw. der zweiten Vereisung vor; wie das schon aus dem ganz örtlichen Vorkommen dieser drei Geschiebemergelbänke hervorgeht. Uebrigens machen auch die Beobachtungen Lesche's[1]), der das Brodtener Ufer stellenweise augenscheinlich in einer der Beobachtung zugänglicheren Verfassung vorfand, ein Auskeilen nicht nur der Sandschicht 2, sondern auch der Sandschichten 4 und 5 wahrscheinlich.

b) Westliche Grenze der Verbreitung des Oberen Geschiebemergels.

Die oben angedeutete Gliederung unserer Diluvialablagerungen jedoch mit Fortfall der jüngsten Bildung, nämlich des Decksandes, hat nur für den Osten oder, genauer gesagt, für den östlichen der drei Parallelgürtel[1]) unserer Provinz allgemeine

1) Lesche beobachtete am südlichen und nördlichen Ende des Steilufers eine direkte Ueberlagerung des Unteren Geschiebemergels seitens des Oberen; cf. loc. cit.

2) L. Meyn unterschied vier nordsüdlich streichende von Osten nach Westen zu jünger werdende Gürtel:

I. Im Osten die fruchtbare Hügellandschaft, auch Seeenplatte genannt nach Analogie der übrigen Ostseeländer (Mitteldiluvium).

II. Der unfruchtbare Haiderücken, Geschiebesand, (Jungdiluvium).

III. Die Haideebene; Blachfeldsand und Haidesand (Altalluvium).

IV. Die Marsch (Jungalluvium).

cf. die Bodenverhältnisse der Provinz Schleswig-Holstein von

Gültigkeit[1]). Dem mittleren Gürtel scheint nämlich der Obere Geschiebemergel nach meinen[2]) Untersuchungen und denen von H. Haas[3]) vollständig zu fehlen; auch treten die für den Osten so charakteristischen Korallensande hier fast ganz zurück. Dafür kommt diesem Gürtel aber eine Bildung zu, nämlich der Decksand, welcher dem östlichen Gürtel fehlt. Entweder geht hier der Untere Geschiebemergel zu Tage aus, oder er wird direkt vom Decksande überlagert; ich konnte dies z. B. beobachten bei Neumünster, Lägerdorf, Itzehoe, Burg in Ditmarschen, Heide, Husum, Mögeltondern und vom Emmerleff Kliff aufwärts bis Ballum.

Ich betone das Fehlen des Oberen Geschiebemergels im Westen der Provinz ausdrücklich, da C. Gottsche[4]) neuerdings eine sich auf ganz Westschleswig

---

L. Meyn, mit Anmerk. von G. Berendt versehen. Abhandl. z. geolog. Spezialkarte von Preussen etc., Bd. III, Heft 3., Berlin, 1882. G. Berendt verneint mit Recht die Selbständigkeit des Gürtels III; er sagt (ibidem pag. 32, Anmerk.): „Ich meinerseits sehe mich wenigstens jetzt nach weiterem Fortschreiten der Spezialkartenaufnahmen genötigt, alle drei Sande (Geschiebesand, Blachfeldsand und Haidesand) nur für petrographisch verschiedene Abstufungen einer der Zeit nach gleichen Bildung zu alten und sämtlich dem Jungdiluvium zuzusprechen.

1) Meyn sagt allerdings (loc. cit., pag. 30): „In der Tiefe besteht der Haiderücken aus demselben Mitteldiluvium wie die Hügellandschaft.“ — „An den höchsten Kuppen des Haiderückens, 200—300 Fuss hoch, sind ungeheure Mergelgruppen eröffnet, in denen der Blocklehm und unter ihm der Moränenmergel gegraben u. s. w. . . .“ L. Meyn nennt leider nicht die Orte, wo er dies gesehen; ein Besuch den ich mehreren Mergelgruben in der Nähe von Wasbeck, 7 km westl. von Neumünster, also oben auf dem Haiderücken gelegen, abstattete, ergab hier das Vorhandensein nur des Unteren Geschiebemergels, dessen obere Partieen durch Oxydation ihrer Oxydulverbindungen von gelber Farbe waren.

2) cf. J. Lehmann's Mitteilungen aus dem mineralog. Institut d. Univ. Kiel, Bd. I, Heft 1, pag. 81, 1888.

3) Studien über die Entstehung der Föhrden etc. J. Lehmann's Mitt. aus dem mineral. Institut d. Univ. Kiel. Bd. I, Heft I, 1888.

4) Z. d. D. g. G. 1887, pag. 841.

erstreckende zweite Vereisung auf Grund des Vorkommens „von Oberem Geschiebemergel am Roten Kliff auf Sylt (Meyn, Sylt, Profil 3) auf Amrum (ibid., pag. 75) und Mögeltondern (eigene Beobachtung, 1887)“ wahrscheinlich zu machen sucht.

Was nämlich zunächst die von L. Meyn für Blocklehm (Oberer Geschiebemergel) angesprochene diluviale Ablagerung des Roten Kliffs auf Sylt angeht, so zwingen mich meine mehrmaligen, im Laufe dieses Jahres an Ortund Stelle ausgeführten Untersuchungen, dieselbe der ersten Vereisung zuzuschreiben. Damit soll allerdings jedoch nicht gesagt werden, dass dieselbe in Unterem Geschiebemergel (Korallenmergel Meyn's) besteht. Wie die folgende Darlegung zeigen wird, ist es vielmehr ein bereits umgelagerter Unterer Geschiebemergel. Das Rote Kliff erhebt sich an der Westküste Sylt's, etwa 1 km nördlich vom Badeorte Westerland, allmählich aus dem Dünensande. Nordwärts ziehend schiesst es auf der Höhe von Kampen ziemlich steil wieder unter den Dünensand ein. Seine grösste Höhe, etwa 35 m, erreicht es ungefähr mittwegs bei dem vor einigen Jahren neu angelegten Badeorte Wenningstedt. Auch die tertiären Kaolinsande, welche das Liegende der diluvialen Ablagerung bilden und bei horizontaler Lagerung sich scharf gegen die diluviale Bildung absetzen, erlangen hier ebenfalls ihre grösste Mächtigkeit. Dieselbe beträgt ungefähr die halbe Höhe des ganzen Kliffes. L. Meyn giebt nebenstehendes, die Lagerungsverhältnisse sehr gut erläuterndes Profil:

Durchschnitt am südlichen Ende des roten Kliffs.

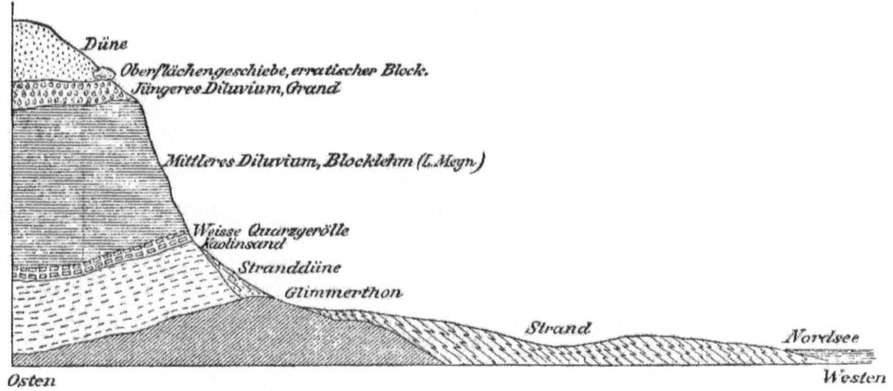

Ich kann mich nun der von Meyn gegebenen Deutung dieses Profiles nicht anschliessen. Die gesamte Diluviablagerung betrachte ich vielmehr als ein zusammengehöriges Ganze, und zwar petrographisch als einen etwas lehmigen Geschiebesand.

Der von L. Meyn als selbständige Bildung vom „Blocklehm" (siehe Profil) abgetrennte Geschiebesand ist offenbar nichts anderes, als ein oberflächliches Verwitterungsprodukt des erstern; eine scharfe Grenze gegen die ihn unterteufende Ablagerung ist nicht zu ziehen; vielmehr gehen beide Ablagerungen allmählich ineinander über.

Gegen die Meyn'sche Annahme, dass die diluviale Ablagerung des Roten Kliffs Blocklehm, also Oberer Geschiebemergel ist, sprechen nun folgende Gründe:

1. Das Fehlen des Oberen Geschiebemergels im Westen der Provinz überhaupt, welches ich vorher nachgewiesen habe.

2. Die grosse Mächtigkeit der Ablagerung, welche Meyn im Mittel sogar auf 20 m schätzt. Selbst im Osten der Provinz überschreitet der Obere Geschiebemergel nicht die Mächtigkeit von 3—4 m.

3. Falls wirklich hier Oberer Geschiebemergel vorläge, das gänzliche Fehlen von Ablagerungen der ersten Vereisung,

welche doch sonst viel mächtiger entwickelt sind, als die der zweiten Vereisung.

Aber ich bin weiter der Ansicht, wie ich schon vorher andeutete, dass wir in dieser Diluvial-Bildung am Roten Kliff nicht nur keinen Oberen, sondern überhaupt gar keinen Geschiebemergel vor uns haben. Es sprechen in der That mehrere Gründe gegen die Moränennatur dieser Ablagerung:

1. Das von mir mehrfach beobachtete Auftreten einer Schichtung.

2. Das scharfe Absetzen gegen die Kaolinsande; eine Moräne pflegt stauchend auf weichen Untergrund einzuwirken bezw. Material des letzteren in sich aufzunehmen.

3. Ausser ganz vereinzelt vorkommenden Saltholmskalken das Fehlen jeglicher Kalksteingeschiebe[1]) und Kreidebrocken.

4. Der Mangel an gekritzten Geschieben.[2])

Es scheint mir nach dem Gesagten zweifellos zu sein, dass wir es hier mit einer aufbebreiteten und umlagerten Moräne, und zwar der Moräne der ersten Vereisung, zu thun haben.

Fragen wir nach der Ursache, welche der Aufbereitung des Geschiebemergels zu Grunde gelegen hat, so lässt sich etwa folgendes sagen:

Die erste Aufbereitung und Umlagerung, wenigstens was die obersten Teile der Moräne angeht, dürfte auf die

---

1) „In situ“ habe ich keine Kalksteingeschiebe gefunden; am Strande beobachtete ich unter Hunderten von Geschieben an Kalksteingeschieben nur drei Saltholmskalke. Saltholmskalke finden sich allerorten auch in dem sonst an Kalksteingeschieben freien „jungdiluvialen“ Geschiebesande.

2) Schwache Spuren von Schrammen habe ich nur einmal auf einem Diabasmandelstein bemerkt.

Wirkungen der zu Anfang der ersten Abschmelzperiode über dieses Riff brandenden diluvialen Nordsee zurückzuführen sein. Eine fernere Aufbereitung der Moräne erfolgte dann im weitern Verlaufe dieser Abschmelzperiode, als sich das Eis nach Norden zurückzog und sich infolgedessen eine negative Verschiebung der Strandlinie an der Westküste Schleswig-Holsteins bemerkbar machte. Hierdurch ward das jetzt zum Kliff allmählich ansteigende Moränen-Riff nach und nach den Angriffen der Brandungswelle bis zu seiner tertiären Unterlage ausgesetzt. Diese Vorgänge erzielten jedoch nur eine verhältnismässig geringe Wirkung; die Aufbereitung war nur eine rein oberflächliche und der Kern des Kliffes bestand noch aus unberührtem Moränenmaterial. Die Moräne in ihrer ganzen Mächtigkeit zu dem umgearbeitet zu haben, was sie heute ist, das müssen wir der Brandungswirkung[1]) bei positiver Strandlinienverschiebung zuschreiben, welche letztere durch das zweitmalige Vorrücken des Inlandeises in unsere Gegend an der Westküste Schleswig-Holsteins wieder hervorgerufen wurde.

Auch das Diluvium der Insel Amrum scheint mir, nach der Beschreibung, die L. Meyn von derselben giebt, ebenso wie diejenige der Roten Kliffs umgedeutet werden zu müssen. Doch war ich selbst nicht dort.

So zeigen Sylt und Amrum also kein Oberes Diluvium. Aber auch von einer andern im Westen gelegenen Oertlichkeit, welche Oberen Geschiebemergel führen sollte, muss ich nach mehrfacher Besichtigung annehmen, dass hier nur Unterer Geschiebemergel vorliegt. Die Oertlichkeit befindet sich bei Mögeltondern. Hier hat C. Gottsche zwar den

1) Ueber die Wirkungen der Brandungswelle bei negativer und positiver Strandverschiebung siehe F. von Richthofen, Führer für Forschungsreisende, 1886, pag. 352—364.

hinter dem westlichen Ausgange von Mögeltondern, in einer Mergelgrube, aufgeschlossenen gelben Geschiebemergel für Oberen erklärt. Betrachten wir jedoch das Profil:

Gelber Lehm	1 m
Gelber Geschiebemergel	4—5 m
Diluvialsand	Mächtigkeit unbekannt.

Der gelbe Lehm ist hier aus der Verwitterung des Geschiebemergels hervorgegangen. Die gelbe Farbe des Geschiebemergels ist aber durchaus kein leitendes Kennzeichen des Oberen Geschiebemergels[1]). Wird nämlich einerseits der Obere Geschiebemergel in der Tiefe häufig blaugrau, so nimmt andererseits der Untere Geschiebemergel, wenn er zu Tage ausgeht, häufig eine gelbe Färbung an. So konnte ich z. B. in einer Mergelgrube bei Hattstedt in der Nähe von Husum, wo ein gelber Unterer Geschiebemergel zu Tage ausgeht, bei einer Tiefe von 5 m, eine sehr scharfe Oxydationsgrenze beobachten, welche unregelmässig in den noch nicht oxydierten blaugrauen Mergel hineinsetzt. Kann also der gelbe Geschiebemergel ebensogut ein oxydierter Unterer Geschiebemergel sein, so spricht im vorliegenden Falle ganz entschieden für Zugehörigkeit zum Unteren die grosse Mächtigkeit der Ablagerung von 5 bis 6 m. Für Oberen Geschiebemergel würden selbst im Osten der Provinz 5—6 m eine unbekannte Mächtigkeit sein.

In dieser Auffassung macht mich auch der Umstand nicht wankend, dass an zwei benachbarten Orten schwärzlich grauer bezw. blaugrauer Geschiebemergel auftritt. Es ist das:

---

1) cf. Jentzsch, Z. d. D. g. G., 1884, pag. 174, ferner physik.-ökonom. Ges. 1879, pag. 76—77; ferner G. Berendt u. F. Wahnschaffe, Ergebnisse eines geologischen Ausfluges durch die Uckermark u. Mecklenburg-Strelitz. Jahrb. d. Kgl. preuss. geolog. Landesanstalt für 1887, pag. 369.

1. Ein paar hundert Meter nördlich der genannten Oertlichkeit. Hier unterteuft ein schwärzlichgrauer Geschiebemergel eine mächtige Sandablagerung.

2. Ein paar Kilometer östlich dieser Oertlichkeit an der Chaussee nach Tondern. Dort ist blaugrauer Geschiebemergel von einer dünnen Moordecke überzogen.

Der Unterschied in der Farbe dieser benachbarten Geschiebemergel — dort gelb, hier blaugrau resp. schwärzlichgrau — berechtigt aber nicht zu der Annahme, dass hier zwei Geschiebemergel verschiedenen Alters vorliegen. Die diluviale Sandablagerung und die alluviale Moordecke schützten eben den Geschiebemergel vor der Oxydation seiner Oxydulverbindungen, während an dem erstgenannten Ort, wo derselbe Geschiebemergel zu Tage ausgeht, eine Oxydation eintreten musste.

Also auch hier wieder muss Oberer Geschiebemergel für den W. von Schleswig-Holstein verneint werden. Allerdings, die genaue westliche Grenze desselben näher festzustellen, solches muss Spezialaufnahmen überlassen bleiben. Immerhin aber lässt sich schon jetzt eine angenäherte Grenze ziehen[1]).

Dieselbe verläuft von Schulau aus, etwa 20 km elbabwärts von Hamburg, in nordöstlicher Richtung den mittleren Gürtel durchquerend bis zum Grimmelsberge bei Tarbeck. Von dort aus verfolgt sie in im Allgemeinen südnördlicher Richtung die Grenze zwischen dem östlichen und mittlern Gürtel, wobei sie vielleicht stellenweise auf den letzteren[2]) überspringt.

Eine ganz andere Frage ist es allerdings, ober der Obere Geschiebemergel ehemals im Westen des Landes entwickelt gewesen und nur der Erosion zum Opfer gefallen ist.

---

1) Für das südlich gelegene Gebiet hat Klockmann (loc. cit.) versucht, eine solche Grenze anzugeben.

2) cf. Anm. 1 auf pag. 23.

Wie infolge der Erosien im Allgemeinen geologische Grenzen der Jetztzeit meist nicht mehr mit ihren einstigen, wirklichen zusammenfallen, so ist es auch wenig wahrscheinlich, dass die ursprüngliche Grenze des Oberen Diluviums unserer Provinz noch mit der heutigen zusammenfallen sollte. Sie hat gewiss stellenweise weiter nach Westen gereicht. Damit aber ist nicht gesagt, dass das Obere Diluvium sich früher über den ganzen Westen der Provinz ausgedehnt habe. Es liegt meiner Ansicht nach auch nicht der geringste Anhalt vor für die Annahme einer solchen Ausdehnung der zweiten Vereisung. Auch das Dasein des Decksandes in den weiter westlich gelegenen Gebieten kann nicht als Beweis für die einstige Verbreitung des Oberen Geschiebemergels dort geltend gemacht werden. Zwar gilt der Decksand zum Teil wohl mit Recht als Rückstand des Oberen Geschiebemergels.[1]) Allein, denselben schlechtweg als Residuum des Oberen Geschiebemergels auszusprechen, das ist doch nur dann zulässig, wenn er den Oberen Geschiebemergel überlagert oder wenigstens im Verbreitungsgebiete des Oberen Geschiebemergels auftritt. Wo der Decksand ausserhalb des Bereiches des Oberen Geschiebemergels direct den Unteren Geschiebemergel überlagert, da ist die Frage sehr wohl zu erwägen, ob derselbe nicht als ein Schlämmprodukt der obersten Lagen eben dieses Unteren Geschiebemergels zu gelten hat. Solches aber scheint mir die richtige Erklärung zu sein für die Entstehung desjenigen Decksandes, welcher am westlichen Geeststrande unserer Provinz den Unteren Geschiebemergel direkt überlagert.

Wenn man, wie ich dies schon früher betonte,[2]) im-

---

1) cf. Berendt, Die Sande im norddeutschen Tieflande u. die grosse diluviale Abschmelzperiode. Jahrb. d. geol. Landesanstalt f. 1881, pag. 482 ff.

2) J. Lehmann's Mittteilungen a. d. mineralog. Institut zu Kiel, Bd. I, Heft I, pag. 81, 1888.

stande wäre, die beiden Moränen auf Grund ihrer Geschiebeführung zu unterscheiden, so wäre die Frage leicht gelöst. Man könnte alsdann von den Schlämmprodukten der Moränen, d. h. dem Decksande, auf diese selbst schliessen.

Meine bisherigen Untersuchungen haben jedoch ergeben, wie im nächsten Abschnitt des Weiteren dargethan werden soll, dass der Untere und der Obere Geschiebemergel in der Provinz Schleswig-Holstein keineswegs durch verschiedenartige Geschiebeführung gekennzeichnet sind, so dass man sie auf Grund dieser nicht von einander unterscheiden kann.

Über die Entstehung des im ganzen mittleren Gürtel unseres Landes auftretenden Decksandes (Geschiebesand, Geschiebedecksand) sind die widersprechendsten Meinungen laut geworden. Forchhammer[1]) vertrat die Ansicht, dass der Geschiebesand durch Wellenbewegung des Wassers aus dem Geschiebethon entstanden sei.

Zu entgegengesetztem Schlusse kam L. Meyn;[2]) denn er betonte ausdrücklich, dass die Gesteine des Geschiebesandes nicht aus der Verwaschung seiner Unterlage stammen könnten.

Wiederum C. Gottsche[3]) sprach sich dafür aus, dass der Geschiebesand einem Schlämmprozess des Oberen Geschiebemergels seine Entstehung verdanke. Er glaubt, einerseits das Vorwalten der festen Sandsteine und krystallinischen Geschiebe, andererseits das fast gänzliche Fehlen der Kalksteine und anderer weicher Gesteine vorwiegend der mechanischen Thätigkeit des Wassers zuschreiben zu müssen.

Anders Johnstrup.[4]) Dieser betrachtet die Geschiebesandhügel, welche den Westrand des östlichen Moränen-

1) Bodenbildung der Herzogtümer Schleswig, Holstein und Lauenburg. Festgabe für die Mitglieder d. XI. Vers. deutscher Land- und Forstwirte. Altona 1847.

2) loc. cit. pag. 29.

3) loc. cit. pag. 6.

4) Oversigt over di geogn. Forh. i Danmark, Kjöbenhavn, 1882.

thongürtels begleiten, teils als entstanden durch Gletscherströme, teils als Endmoränen. Für die westlich davon auftretenden, aus einem feinen steinfreien Quarzsande bestehenden Haideflächen nimmt er jedoch eine Entstehung durch die in der Abschmelzperiode freigewordenen Gewässer an.

Ich glaube, dass der im ganzen mittleren Gürtel auftretende Decksand teils Endmoräne der zweiten Vereisung, teils ein Absatz aus den die Endmoränen (also Ob. Geschiebemergel) teilweise zerstörenden Gletscherbächen ist, teils aus der Verwaschung der ältern Unterlage abgeleitet werden muss. Auch dürften die ursprünglich im Westen des Landes allgemeiner verbreitet gewesenen Korallensande von den Schmelzwassern der zweiten Vereisung einer nochmaligen Umarbeitung unterzogen worden sein. Dieser Prozess führte sowohl zur Zerstörung der in dem Korallensande enthaltenen Bryozoen, als auch der für den Korallensand so charakteristischen, häufig noch mit Gletscherspuren versehenen Kalksteingeschiebe jeglichen Alters.

Endmoränen[1]) sind z. T. die den westlichen Rand des östlichen Moränenthongürtels begleitenden Geschiebehügel mit ihrer Riesenblockbestreuung[2]).

---

1) Eine „südbaltische" Endmoräne der zweiten Vereisung von grösserer Erstreckung haben jüngst G. Berendt und F. Wahnschaffe in der Uckermark und in Mecklenburg-Strelitz aufgefunden, cf. G. Berendt und F. Wahnschaffe, Ergebnisse eines geologischen Ausfluges durch die Uckermark und Mecklenburg-Strelitz, Jahrb. d. Kgl. preuss. Landesanstalt für 1887, pag. 364 ff. Auch H. Haas hat jüngst in den Hüttener Bergen, zwischen der Eckernförder Bucht und der Schlei gelegen, eine Endmoränenbildung der zweiten Vereisung erkannt, cf. Studien über die Entstehung d. Föhrden etc. J. Lehmann's Mitt. aus d. min. Inst. d. Univ. Kiel, Bd. I, Heft 1, 1888. Meine Untersuchungen lehren, dass man schlechtweg von einer „südbaltischen" Endmoräne nicht sprechen darf, sondern dabei anzugeben hat, ob I. oder II. Vereisung angehörig; wenngleich im Allgemeinen wohl angenommen werden darf, dass die „baltischen" Endmoränen der I. Vereisung teils durch die eigene, teils durch die II. Vereisung zerstört wurden.

2) Meyn sagt (loc. cit. pag. 28): Die einzelnen Riesenblöcke,

Als Gletscherstrombildung ist der Geschiebesand und der westlich davon auftretende Blachfeldsand, und noch weiter westlich, der feine steinfreie Quarzsand aufzufassen.

Der Verwaschung der Unterlage und zwar des Unteren Geschiebemergels, vielleicht vorwiegend durch Meereserosion, verdanken diejenigen Decksande ihre Entstehung, welche den Unteren Geschiebemergel am westlichen Geestrande direkt überlagernd, wieder kleine und grosse Gerölle führen.

Dem östlichen Moränenthongürtel fehlt, wie auch schon der Name andeutet, eine eigentliche Decksandbildung. Ein Blick auf die Meyn'sche Uebersichtskarte giebt dies auch sofort zu erkennen. Es ist dies meiner Ansicht nach der beste Beweis dafür, dass der Decksand in Schleswig-Holstein eben nicht aus der Verwaschung des Oberen Geschiebemergels während der Abschmelzperiode allein zu erklären ist, denn die Schmelzwasser der zweiten Vereisung flossen doch auch über den östlichen Gürtel und hätten dann doch auch hier Decksande hinterlassen müssen.

Die Thatsache, dass der östliche Gürtel keine Decksande besitzt, der mittlere Gürtel meist nur aus ihnen besteht, erklärt sich nur durch die Annahme, dass der Eisrand des zweiten Inlandeises in Schleswig-Holstein für eine längere Zeit an der heutigen Grenze des östlichen und mittlern Gürtels verweilte. Den von dem Eisrande und den sich bildenden Endmoränen nach Westen sich ergiessenden Gletscherbächen muss daher in erster Linie die Bildung des Decksandes zugeschrieben werden.

Hatte der Eisrand vorher weiter nach Westen gereicht, welche Möglichkeit nicht bestritten werden kann, so wurde

---

welche auf dem Haiderücken liegen und auf ihren Kämmen Anlass zu majestätischen Steinsetzungen der Vorfahren und zu unzählbaren Hühnengräbern gaben, gehören nicht der Schicht selber an, sondern liegen oben auf derselben als noch späterer Absatz.

die vorhandene Grundmoräne (Oberer Geschiebemergel) von den Gletscherbächen eben vollständig erodiert. In diesem Falle liefert also der Obere Geschiebemergel als Grundmoräne Material zur Bildung des Decksandes.

III. Moränen-Untersuchungen.

Es ist allgemein üblich, aus der Richtung der Schrammen und der horizontalen Verbreitung der Geschiebe Schlüsse zu ziehen auf die Bewegungsrichtung des diluvialen Inlandeises. Schon 1879 warnte A. Helland[1]) vor solchen Folgerungen, indem er das Fragliche ihres Wertes hervorhob: „Darin stimme ich mit den schwedischen Forschern überein, dass die Eismassen während der Eiszeit ihre Bewegungsrichtungen geändert haben. Erst dann aber lassen sich die verschiedenen Bewegungsrichtungen konstatieren, wenn man die übereinander liegenden Grundmoränen oder Geschiebelehme miteinander verglichen und für die erratischen Blöcke in jedem Geschiebelehme für sich den Ursprung gefunden hat."

Trotzdem hier der Weg, der allein zum sichern Ziele führen kann, klar vorgezeichnet ist, und dieser auch in fast allen folgenden Arbeiten, besonders der deutschen Forscher, als der allein gültige anerkannt wird, so liegen bis jetzt dennoch für Norddeutschland keine derartige Untersuchungen vor.[2])

Wohl folgte eine Arbeit über Geschiebe der andern, aber in keiner wurde darauf Rücksicht genommen, aus

1) Z. d. D. g. G., 1879.

2) In Schonen hatte Holmström schon früher Untersuchungen über die Geschiebeführung der beiden Moränen angestellt; so fand er die obere Moräne bei Klågerup durch viel Kreide und Flint, die untere hingegen durch silurische Kalksteine und Schieferfragmente ausgezeichnet. cf. bildningar från och efter istiden vid Klågerup, Ofers. af K. Vetensk.-Acad. förh., 1873, No. 1, pag. 11.

welcher Schicht, ob aus dem Unteren oder Oberen Geschiebemergel die Geschiebe stammten.[1])

Der Schwerpunkt aller dieser Arbeiten wurde in der möglichst vollzähligen Zusammenstellung aller in einem bestimmten Gebiet vorkommenden Geschiebearten und in deren Heimatsbestimmung gesucht.

Es ist daher sehr begreiflich, dass im Anstehenden nicht gesammelt wurde, denn dadurch konnte man nur kleinere Geschiebemengen, also nnr verhältnismässig wenige Geschiebearten, und seltene sogar aller Wahrscheinlichkeit nach garnicht gewinnen.

Ich betone dies besonders, da ich mir der Dürftigkeit, so wohl der Zahl als auch der Arten der von mir den beiden Moränen entnommenen Geschiebe sehr wohl bewusst bin. Mag aber das aus dem Anstehenden gewonnene Material auch noch so gering sein, besonders hinsichtlich derjenigen Geschiebe, welche, auf ein kleines Heimatsgebiet beschränkt, für die Richtungsbestimmung der Gletscherströme so wertvoll sind, jedenfalls liefern derartige Untersuchungen Bausteine; und, wenn einmal erst über sämtliche vereist gewesenen Gebiete des nördlichen Europas durchgeführt, genügend Bausteine, um über die thatsächlichen Richtungen und zeitliche Aufeinanderfolge der grossen nord-

1) Eine Ausnahme hiervon macht bis zu einem gewissen Grade C. Gottsche's „Sedimentärgeschiebe der Provinz Schleswig-Holstein". Wie der Verfasser aber selbst sagt, hat er der verticalen Verbreitung der Geschiebe erst neuerdings seine Aufmerksamkeit zugewandt und kann daher nicht bei allen Gesteinen sichere Angaben darüber machen, cf. pag. 3. C. Gottsche hat nicht aus dem Anstehenden gesammelt und beanspruchten daher seine Angaben über das Vorkommen der Geschiebe in den verschiedenen Schichten unseres Diluviums im Allgemeinen nur den Wert der Wahrscheinlichkeit. Meine Moränenuntersuchungen bestätigen jetzt jedoch im Grossen und Ganzen die Angaben dieses Forschers.

europäischen Gletscherströme zu einer annähernd richtigen Erkenntnis zu gelangen.

Was nun zunächst die „in situ“ gesammelten Geschiebe angeht, so muss darauf hingewiesen werden, dass der Wert derselben für die Bestimmung der Bewegungsrichtungen der Inlandeismassen ein verschiedener ist, je nachdem sie dem Unteren oder dem Oberen Geschiebemergel entnommen wurden. Das hebt schon C. Gottsche[1]) 1883 in scharfsinniger Weise hervor, indem er sagt: „Es gewährt somit z. B. ein im Oberen Geschiebemergel gefundener Block russischer Abkunft durchaus keine Garantie dafür, dass er zur Zeit der Ablagerung des Oberen Geschiebemergels von Russland hertransportiert sei; sondern er kann ebensowohl einer zerstörten Partie von Unterem Geschiebemergel entstammen. Nur für diesen letzteren, also für die älteste Grundmoräne, erlaubt die Herkunft der Gesteine einen sicheren Rückschluss auf die gleichzeitigen Transportrichtungen; die Transportrichtungen zur Zeit des Oberen Geschiebemergels dahingegen würden nur durch solche Gesteine festgestellt werden können, welche dem Unteren gänzlich fehlen.“

C. Gottsche ist, wie mir scheint, in dem letzten Satze etwas zu weit gegangen.

Nehmen wir, um bei demselben Beispiel zu bleiben, den Fall an, dass im Unteren Geschiebemergel nur ganz vereinzelt Blöcke russischer Abkunft gefunden würden, dass sie im Oberen aber bedeutend häufiger vorkämen. Es liegt dann doch auf der Hand, dass die im Oberen Geschiebemergel sich findenden, zahlreichen Blöcke russischer Abkunft sich hier auf „primärer glacialer“[2]) Lagerstätte befinden müssen.

1) loc. cit., pag. 3, Anmerkung.

2) Unter „primärer glacialer“ Lagerstätte verstehe ich die Lagerstätte eines Geschiebes im Allgemeinen. Hat nachweislich irgend ein

Wäre das nicht der Fall, wären sie nämlich aus einer anderen, ursprünglich unterdiluvialen Lagerstätte erst in das Oberdiluvium gelangt, so könnten sie doch nicht im Oberen Geschiebemergel häufiger vorkommen, als im Unteren.

Man kann daher ganz allgemein die beiden Sätze aufstellen:

1. Kommt irgend ein „Leitgeschiebe" in beiden Geschiebemergeln vor, im Oberen jedoch häufiger als im Unteren, so **muss** es nicht nur während der Zeit der ersten, sondern auch zu derjenigen der zweiten Vereisung von dem Orte seiner Abkunft herbeigeführt worden sein, d. h. es liegt in beiden Geschiebemergeln auf primärer glacialer Lagerstätte.

2. Kommt irgend ein „Leitgeschiebe" in beiden Geschiebemergeln vor, im Unteren jedoch häufiger als im Oberen, so **kann** der Obere Geschiebemergel es aus dem Unteren aufgenommen haben; in diesem Falle ist also das „Leitgeschiebe" nicht zur Bestimmung der Bewegungsrichtung des zweiten Inlandeises zu verwerten.

Andererseits bietet aber auch das im Unteren Geschiebemergel gefundene „Leitgeschiebe" keine absolute Gewähr. Da nämlich meine Moränenuntersuchungen zu der Annahme einer Verschiedenheit der Bewegungsrichtungen des ersten

---

Geschiebe jedoch nochmals einen Transport erfahren, so würde ich es, als auf sekundärer glacialer Lagerstätte befindlich, bezeichnen. Ein Geschiebe, das der unteren Moräne von der oberen entnommen wird, befindet sich demnach auf sekundärer glacialer Lagerstätte. Aber auch innerhalb ein und derselben Moräne kann, wenn auch schwer nachweisbar, ein Geschiebe sich auf sekundärer glacialer Lagerstätte befinden. Mir scheint, diese Bezeichnung, anstatt der sonst üblichen sekundären resp. tertiären Lagerstätte, aus Einfachheitsgründen, sowie denen grösserer Genauigkeit, vorzuziehen zu sein. Man darf nämlich nicht vergessen, dass sich eigentlich sämtliches anstehende Gestein mindestens auf sekundärer Lagerstätte befindet, da es ja aus der Zerstörung älteren hervorgegangen ist.

Inlandeises führen, so ist auch die Möglichkeit nicht ausgeschlossen, dass bereits in der unteren Grundmoräne Geschiebe auf sekundärer glacialer Lagerstätte liegen können. Es konnten ja ältere Moränenablagerungen durch jüngere derselben Vereisung, aber einer andern Transportrichtung, angehörige zerstört worden sein, so dass Teile derselben in die jüngeren gelangten.

Als das wichtigste Ergebnis meiner Moränenuntersuchungen in der Provinz Schleswig-Holstein erscheint mir die Thatsache, dass die so kennzeichnenden Åländer und Finländer Granite und Granitporphyre (Rapakiwi) in beiden Moränen vorkommen; es muss also schon während der ersten Vereisung zu irgend einer Zeit ein Transport in der Hauptausdehnung der Ostsee, also von O—W, von den Ålands-Inseln und Finland nach Schleswig-Holstein stattgefunden haben. An der Zulässigkeit der Åländer und Finländer Granite und Granitporphyre (Rapakiwi) als „Leitgeschiebe" kann nach den Untersuchungen der schwedischen Geologen, besonders de Geer's, nicht mehr gezweifelt werden; nirgends ist in Schweden ein gleiches Gestein anstehend bekannt geworden.

Wenn Penck[1]) in seiner „Geschiebeformation Norddeutschlands" sagt, „vor allem dürfte auch nicht jedes Gestein vom Charakter des Rapakiwi als ein finnisches gelten, da der im mittleren Schweden weitverbreitete Öerebrogranit, wie Törnebohm[2]) zeigte, diesem petrographisch gleicht; Nathorst[3]) hat hierauf nachdrücklich hingewiesen", so liegt hier nur eine unrichtige Deutung der angezogenen Stellen vor.

Uebrigens erhielt ich auch auf eine briefliche Anfrage

---

1) Z. d. D. g. G. 1879.
2) Geol. För. i Stockholm Förh., Bd. I, No 11, pag. 196.
3) Geol. För. i Stockholm Förh., Bd. I, No. 13, pag. 252.

meinerseits bei Törnebohm unter 11. VI. 88 in bereitwilligster Weise folgende Mitteilung: „Meiner Ansicht nach lässt sich keiner unserer Granite mit dem finländischen „Rappakiwi“ gleichstellen; der Öerebrogranit erst garnicht. Petrographisch steht da der Filipstadgranit dem Rappakiwi näher, da beide durch grosse, rundliche, oligoklasumrandete Feldspatheinsprenglinge charakterisiert sind. Ich meine aber, dass sie doch ganz verschiedene Granite sind, weil der Filipstadgranit praekambrisch, der ächte Rappakiwi aber wahrscheinlich postkambrisch ist. Es kann aber möglich sein, dass unter der Bezeichnung Rappakiwi verschiedene Granite zusammengefasst sind. Die schwedischen Granite sind überhaupt schlecht als Leitblöcke zu benutzen, denn sie treten oft mit ähnlicher petrographischer Ausbildung an weit entfernten Orten auf, so gerade der Filipstadgranit.“ Aber auch der Filipstadgranit, der mir in der petrographischen Sammlung des mineralogischen Instituts der Universität Kiel in mehreren Handstücken zum Vergleich mit åländischen und finländischen Rapakiwis vorgelegen hat, erinnert auch nicht im Entferntesten an letztere, geschweige denn gleicht er ihnen.

H. Lundbohm[1]) hat neuerdings für die åländischen und finländischen Granite und denen nahestehende Gesteine, wozu er einige auf einem nicht unbedeutenden Küstenstrich in Westernorrland und in Jemtland im mittleren Schweden anstehende Gesteine rechnet, zur grösseren Bequemlichkeit den gemeinsamen Namen „Ostseegranit“ vorgeschlagen.

Lundbohm sagt (loc. cit.): „Die meisten dieser Gesteine sind Granite, die, wenn sie auch in verschiedenen

1) Geschiebe aus der Umgegend von Königsberg in Ostpr., eingesandt an die Schwedische geologische Landesuntersuchung v. d. Min.-Kab. d. Univ. zu Königsberg in Pr. und bestimmt im Januar 1888 von H. Lundbohm in Stockholm. Separat-Abdruck aus d. Schrift. d. physik.-ökonom. Ges. zu Königsberg, 1888.

und sogar in denselben Massiven oft grössere oder kleinere Verschiedenheiten zeigen, dennoch stets mehrere gemeinsame und besonders charakteristische Eigenschaften haben, welche darauf deuten, dass sie zu gleicher Zeit und unter gleichen Umständen entstanden sind."

Die Möglichkeit, dass Törnebohm diese Granite von Westernorrland und Jemtland nicht bekannt gewesen sind, ist nicht ausgeschlossen. Wie dem auch sei, jedenfalls bemerkt auch Lundbohm, dass die von de Geer[1]) von den åländischen Gesteinen zu Leitgeschieben ausgewählten, soweit man bis jetzt weiss, mit den schwedischen Varietäten des Ostseegranits nicht zu verwechseln sind; obschon sie mit denselben, wie oben bemerkt, durch gewisse gemeinsame Merkmale verbunden sind. Uebrigens meint Lundbohm, „dass es bei Studien über Blöcke in Deutschland ziemlich gleichgültig ist, ob diese Gesteine sich von einander unterscheiden lassen oder nicht, da sie ja durch Eisströme von gleicher Richtung dorthin geführt sein müssen[2])."

Ueber das Aehnlichkeits-Verhältnis der finländischen Granite und Porphyre zu denen des schwedischen „Ostseegranits" bemerkt Lundbohm in der genannten Arbeit nichts. Ueber die Gesteinstypen von Åland sagt er, dass sie im Allgemeinen streng vom schwedischen „Ostseegranit" zu scheiden sind, dass es jedoch vielleicht nahe stehende Varietäten gebe; „Ostseegranit" komme im südlichen Teile von Schweden nicht vor.

1) Några ord om bergarterna på Åland och flyttblocken derifrån, Geol. Fören. Förh., Bd. V, pag. 469. Diese Arbeit ist stellenweise übersetzt von E. Geinitz in: Beitrag zur Geologie Mecklenburgs IV. Archiv d. Ver. d. Freunde d. Naturgeschichte in Mecklenburg 1881, pag. 98, 99 und 102. „Leitgeschiebe" sind: der Åland-Rapakiwi, der Åland-Granit und der Quarzporphyr von Åland.

2) Die Gletscher an der Ostkünste des mittleren Schwedens und an der Westküste Finlands fanden eben einen gemeinsamen Abfluss durch den Bottnischen Meerbusen. Anm. d. Verf.

Ich war nun leider nicht imstande, schwedischen „Ostseegranit" zum Vergleich mit den gesammelten krystallinischen Geschieben heranzuziehen. Åländisches und finnisches Vergleichsmaterial dagegen verdanke ich, durch die liebenswürdige Vermittelung von Herrn Professor J. Lehmann der Güte des Herrn Professor Branco in Königsberg. Dasselbe entstammt der Sammlung, welche seiner Zeit dem Mineralien-Kabinett der Universität zu Königsberg von Herrn Professor Wiik in Helsingfors überlassen wurde und die Herr Dr. Seek[1]) bei seinen Untersuchungen über die granitischen Geschiebe Ost- und Westpreussens verwertete.

Die umseitige Tabelle giebt die Zahl der von mir im Unteren und Oberen Geschiebemergel, sowie im Decksande gesammelten Ålands- und Finlands-Geschiebe, deren Heimat, auf Grund eines Vergleiches mit der oben erwähnten Sammlung anstehender åländischer und finnischer Gesteine ganz sicher gestellt werden konnte. Ein der Zahl beigefügtes + giebt an, dass das Geschiebe mit dem Hammer aus der betreffenden Schicht herausgeschlagen wurde. Wo das + fehlt, soll damit angedeutet werden, dass dies nicht der Fall gewesen ist, das Geschiebe aber unter solchen Umständen gesammelt wurde, dass ein Zweifel über die Schicht, der es entstammt, nicht besteht.

Abgesehen von den in umseitiger Tabelle aufgeführten Gesteinen entnahm ich noch der diluvialen Ablagerung des roten Kliffs auf Sylt, die, wie vorher erwähnt, der ersten Vereisung zugeschrieben werden muss, 2 Rapakiwi des östlichen Finlands, 6 Ålandsrapakiwi und 3 Ålandsquarzporphyre. Die Zahl der aus dem Unteren und Oberen Geschiebemergel, sowie dem Decksande gesammelten Ålands- und Finlandsgesteine beträgt somit 96, wovon 20 auf Finland fallen. Die überhaupt von mir beobachtete Zahl dieser

1) Z. d. D. g. G., 1884, pag. 584 ff.

Leitgeschiebe von den Ålands-Inseln und Finland

aus den Unteren und Oberen Geschiebemergel, sowie aus dem Decksande der Provinz Schleswig-Holstein.[1])

		Oestl. Finland			Westl. Finland			Ålands-Inseln			Ålands-Inseln		
		Granite und Granitporphyre (Rapakiwi) Wiborger Rapakiwi			Granite und Granitporphyre (Rapakiwi) Satakunta-Rap: kiwi			Granit und Granitporphyre (Rapakiwi)			Quarzporphyr (Euritporphyr, Wiik)		
		U. G.	O. G.	D. S.	U. G.	O. G.	D. S.	U. G.	O. G.	D. S.	U. G.	O. G.	D. S.
Osten der Provinz	Altona	—	—	—	—	1	—	—	3	—	—	—	—
	Schulau	—	—	—	—	—	—	4 +	7 +	—	1 +	2 +	—
	Eutin	—	—	—	—	—	—	—	2 +	—	—	—	—
	Kiel	—	1 +	—	—	—	—	—	2 +	—	—	2 +	—
	Marienleuchte a. Fehmarn	—	—	—	—	—	—	—	1 +	—	—	—	—
Westen der Provinz	Itzehoe	2	—	1 +	1 +	—	1	2; 1 +	—	3	—	—	—
	Burg in Ditmarschen .	1 +	—	1 +	2 +	—	—	—	—	3	—	—	2
	Heide	1 +	—	1	—	—	3	1	—	3	—	—	2
	Husum	1 +	—	—	1	—	—	2	—	2	—	—	1 +
	Mögeltondern	—	—	—	—	—	—	1 +	—	1 +	2	—	1
	Emmerleff Kliff . . .	2	—	—	2	—	—	8; 1 +	—	—	3	—	—

1) U. G. = Unterer Geschiebemergel; O. G. = Oberer Geschiebemergel; D. S. = Decksand.

Geschiebearten,[1]) sei es nun an den Steilufern der Ostküste, sei es auf dem westlichen Geestrande, sei es endlich[2]) in Buhnenbauten, Steinmauern und im Strassenpflaster des Ostens und des Westens, übertrifft gewiss das Dreifache dieser Zahl. Man kann daher gerade nicht sagen, dass diese Geschiebe selten in unserer Provinz angetroffen werden, wie vielfach behauptet worden ist.[3])

Die Identificierung dieser Geschiebe mit den auf den Ålandsinseln und in Finland anstehenden Gesteinen geschah lediglich auf Grund makroskopischen Vergleiches. Eine mikroskopische Untersuchung erschien überflüssig, da bereits die makroskopische die Identität der Geschiebe mit dem anstehenden Gesteine ergab. Die den Geschiebemergeln selbst entnommenen Geschiebe zeigen grösstenteils eine Frische, welche die der Vergleichshandstücke häufig übertrifft.

Aus obiger Tabelle ersieht man das gleichzeitige Vorkommen von krystallinischen Geschieben, deren Heimatsgebiet zweifellos die Ålandsinseln und Finland sind, in beiden Moränen.

Dagegen war ich nicht in der Lage, palaeontologisch kennzeichnende Sedimentärgeschiebe, welche als Leitblöcke für die westlichen Teile der vereist gewesenen Gebiete allgemein anerkannt werden, direkt aus den Moränen herausschlagen zu können. Dass aber z. B. der estländische obersilurische Pentamerus-borealis-Kalk in beiden Geschiebemergeln vor-

---

1) Bei Kiel und Eutin sammelte ich auch im Korallensande je einen Ålands-Rapakiwi.

2) Die hierzu verwandten Gesteine werden zum grossen Teile in der Ostsee gefischt.

3) So unter andern von Seek, loc. cit. Veranlassung zu dieser Auffassung hat wohl die Arbeit Heinemann's „Ueber die krystallinischen Geschiebe Schleswig-Holsteins“ gegeben, aus der man allerdings entnimmt, als ob der Rapakiwi in Schleswig-Holstein eine Seltenheit wäre.

kommt, wird durch zwei, im Laufe des vorigen Jahres von mir am Schulauer Ufer, unter besonderen Umständen aufgefundene derartige Geschiebe wahrscheinlich gemacht.

Den einen dieser Pentamerus-borealis-Kalke[1]) fand ich ganz in der Nähe der Schulauer Landungsbrücke, dicht am Steilrande; und zwar an einer Stelle, an welcher beide Geschiebemergel, durch Bänderthone und Sande von einander getrennt, übereinander entwickelt sind. Dieses Geschiebe lag zum Teil noch eingebettet in einem herabgestürzten Block gelben Geschiebemergels; es ist von plattenförmiger Gestalt und misst etwa 2 qcm. Fläche bei 4 bis 5 cm. Dicke. Da nun der Obere Geschiebemergel am Schulauer Ufer von gelber Farbe[2]), der Untere aber durchgehends von blaugrauer ist, so liegt die Vermutung nahe, dass dieses Geschiebe aus dem Oberen Geschiebemergel stammt. Das zweite Geschiebe dieser Art fand ich weiter stromaufwärts nach Wittenbergen zu, ebenfalls hart am Steilrande. An dieser Stelle ist jedoch nur Unterer Geschiebemergel, von Geschiebesand bedeckt, entwickelt; der Obere Geschiebemergel ist hier vollständig erodiert. Da dieses Geschiebe[3]) noch Reste blaugrauen Mergels aufwies, so ist es wohl völlig sicher, dass dasselbe auch wirklich aus dem Unteren Geschiebemergel herrührt; und das um so mehr, als der den Unteren Geschiebemergel überlagernde Geschiebesand gar keine Kalksteine enthält.

Im Laufe der letzten beiden Jahre sind von C. Gottsche und mir im Ganzen 9 Pentamerus-borealis-Kalke vom Schulauer Ufer zusammengebracht worden. Sämtliche Geschiebe, mit Ausnahme eines, dessen Gesteinscharakter dem des früher bei Segeberg gefundenen Geschiebes ähnelt,

1) Befindet sich im Museum zu Hamburg.

2) Wenigstens an der Oberfläche, in der Tiefe habe ich ihn stellenweise auch blaugrau angetroffen.

3) Befindet sich im Hamburger Museum.

zeigen abweichende Gesteinscharaktere. Mit dem von L. Meyn bei Schulau gefundenen Stücke[1]) beträgt somit die Zahl von Schulau bekannt gewordenen Pentamerus-borealis-Kalke 10.

Ausser diesen kennt man noch je ein Geschiebe von Segeberg, Tarbeck[2]) und 2 von Lauenburg. Die Gesamtzahl der in unserem Lande gefundenen Pentamerus-borealis-Kalkgeschiebe, die zu C. Gottsche's und meiner Kenntnis gelangt sind, beträgt also 14, wovon 10 allein bei Schulau gefunden wurden.[3])

Also auch der Pentamerus-borealis-Kalk ist kein so seltenes Geschiebe in unserer Provinz, wie ebenfalls wiederholt betont wurde; bemerkenswert ist, dass er nur im südlichen Holstein angetroffen wird, dem nördlichen Teile des Landes aber und dem Schleswigschen ganz zu fehlen scheint.

Das Schulauer Steilufer zieht sich, nur stellenweise mit Vegetation bedeckt, vom Orte Schulau, wo die diluviale Hochfläche nach Westen hin zur Elbmarsch abbricht, 3,5 km elbaufwärts bis nach Wittenbergen hin. Hier beginnt die diluviale Hochfläche, indem zugleich die Moränen unter einem ziemlich mächtigen Mantel von Geschiebesand verhüllt werden, sich in einzelne Hügel und Kuppen auf-

---

1) Befindet sich in der Sammlung der Königl. preuss. geolog. Landesanstalt.

2) Wahnschaffe führt auch ein Geschiebe von Bornhöved an in „Bemerkungen zu dem Funde eines Geschiebes mit Pentamerus borealis bei Havelberg", Jahrb. d. Kgl. preuss. geolog. Landesanstalt für 1887, pag. 145.

Es beruht dies auf einer unrichtigen Deutung einer Stelle in C. Gottsches „Sedimentärgeschiebe" auf pag. 28. Es wurde nur ein Geschiebe zwischen Tarbeck und Bornhöved von dem jetzigen Herrn Rektor Tensfeldt in Altona gefunden.

3) Sämtliche Geschiebe mit Ausnahme des von L. Meyn gefundenen, habe ich im Museum Hamburg mit Herrn Dr. C. Gottsche zusammen vergleichen können.

zulösen. Diese steigen bis zu 92 m Meereshöhe auf und bilden die bekannten Blankeneser Berge.

Das Profil des Steilufers ist ein wechselvolles.

Unweit der Schulauer Landungsbrücke nahm ich das Folgende auf:

Decksand	0,5 m
Oberer Geschiebemergel . . .	2,80 m
Weisse Sande	1,50 m
Bänderthon	1,20 m
Unterer Geschiebemergel . . .	4,70 m bis zum Strande; volle Mächtigkeit unbekannt.

Die hier zwischen den beiden Moränen liegenden Sande und Bänderthone scheinen sich bald auszukeilen, doch ist das, infolge von Bewaldung, nicht direkt zu beobachten. Etwa 1,5 km weiter elbaufwärts, kurz vor dem Pulverschuppen, geht der Untere Geschiebemergel sogar zu Tage aus.

Etwa 400 m hinter dem Pulverschuppen bietet sich folgendes Profil dar:

Decksand	2,00 m
Torflager (Interglacial)	1,00 m
Weisse Sande	0,30 m
Unterer Geschiebemergel . . .	6,00 m bis zum Strande; volle Mächtigkeit unbekannt.

Weiter elbaufwärts, ungefähr noch 0,5 km von Wittenbergen entfernt, überlagert der Decksand[1]) direkt den Unteren Geschiebemergel; dies ist die Stelle, wo das eine der beiden oben erwähnten Pentamerus-borealis-Kalkgeschiebe gefunden wurde.

1) Der Decksand am Schulauer Ufer dürfte wohl ein Residium des Oberen Geschiebemergels darstellen.

Von hier bis nach Wittenbergen hin scheint der Obere Geschiebemergel direkt den Unteren zu überlagern; diese Strecke des Steilufers ist vielfach mit Vegetation bedeckt, ihr Aufbau entzieht sich daher der Beobachtung.

Ueber das Zahlenverhältnis der von mir den beiden Geschiebemergeln zwischen Schulau und Wittenbergen ohne Wahl entnommenen Geschiebearten, sowohl der sedimentären als auch der krystallinischen, geben die beiden folgenden Listen Aufschluss:

Sedimentärgeschiebe vom Schulauer Ufer.

		U. G.	O. G.	Mutmassliche Heimat.
Cambrium	Sandst. u. Quarzite.	9	16	Schweden, Öland. Bornholm.
	Grauwackeschiefer.	4	8	Schonen.
	Sandst. mit Paradoxides Tessini.	1	—	Öland.
	Stinkkalk mit Agnostus pisiformis.	—	1	Schweden, Öland, Bornholm.
Unter-Silur	Ceratopygekalk.	1	—	Schweden, Öland.
	Vaginatenkalk. rot	9	10	Schweden, Öland, Estland.
	Vaginatenkalk. grau	14	21	Schweden, Öland, Estland.
	Graptolithenschiefer.	1	2	Schonen, Bornholm.
	Wesenberger Kalk.	24	31	Estland, und wahrscheinlich westl. davon gelegene Teile der Ostsee.
Ober-Silur	Korallenkalk.	3	3	Gotland.
	Crinoidenkalk.	1	8	Gotland.
	Graptolithengestein.	1	3	? Schonen.
	Beyrichienkalk.	28	43	Zwischen Ösel und Schonen.
Obersilur-Devon.	Dolomite.	12	30	Ösel, Livland, Kurland.
Kreide	Faxekalk.	3	—	Livland, ? Malmoe.
	Saltholmskalk.	2	6	Östl. Seeland, Sundinseln Amager u. Saltholm, Schonen.
	Gründsand.	15	1	Falster, Seeland, Schonen.
Tertiär	? Mitteloligocäner Arragonit.	3	—	Cimbrische Halbinsel, Seeland, Fünen.
	Mitteloligocäner Septarienthon.	1	—	Cimbrische Halbinsel.
Unbest. Alters	Sandst. u. Quarzite.	25	39	
	Kalksteine.	30	19	
	Schieferthone.	3	—	
	Thoneisensteine.	3	3	
		193	253	

Krystallinische Geschiebe vom Schulauer Ufer.

		U. G	O. G.	Heimat.
Granit		20	32	?
		4	7	Ålands-Inseln.
Quarzporphyr		1	3	Elfdalen.
		1	2	Alands-Inseln.
Diorit		3	1	?
Diabas		1	4	?
Gabbro		2	1	?
Basalt		1	—	Schonen.
Gneiss	rot (Eisen)	35	34	?
	grau (Granat)	21	21	
Granulit		1	—	?
Hälleflinta	rot	9	14	?
	grau	6	10	
Glimmerschiefer[1]		6	2	?
Quarzschiefer		3	10	?
Hornblendeschiefer		2	5	?
Olivinschiefer		—	2	?
Eklogit		2	—	?
		118	148	

Das Verhältnis der den beiden Geschiebemergeln entnommenen sedimentären und krystallinischen Geschiebe beträgt für den Unteren Geschiebemergel:

193 : 118 = 1,6 : 1,

für den Oberen Geschiebemergel:

253 : 148 = 1,7 : 1.

1) Als die Heimat gewisser weisser Glimmerschiefer kann übrigens nach Lundbohm sicher das nordöstliche Schonen bezeichnet

Beim Sammeln habe ich jedoch die Flint- und Schreibkreidegeschiebe vernachlässigt, welche, in beiden Geschiebemergeln wohl gleich häufig vorkommend[1]), die bei weitem grösste Zahl aller Geschiebearten ausmachen. Ich gehe daher wohl nicht fehl, wenn ich, unter Berücksichtigung auch dieser Geschiebeart, das Verhältnis der den beiden Geschiebemergeln entnommenen sedimentären und krystallinischen Geschiebe für beide Geschiebemergel zu 2 : 1 festsezte.

Von einer Heimatsbestimmung der krystallinischen Geschiebe musste, mit Ausnahme der wenigen charakteristischen, abgesehen werden. Ein Vergleich, dem ich die Granitgeschiebe mit den in der Sammlung des mineralogischen Instituts der Universität Kiel ziemlich reichlich vertretenen norwegischen und schwedischen Graniten unterzog, hatte als allgemeines Ergebnis, dass die Granitgeschiebe aus beiden Geschiebemergeln sowohl mit schwedischen als auch norwegischen Graniten Aehnlichkeit zeigen. So ähnelt ein Granit aus dem Oberen Geschiebemergel sehr einem Granitit von Drammen in Norwegen, ein Granitit aus dem Unteren Geschiebemergel einem Granitit von Christiania; mehrere andere Granitgeschiebe aber zeigen grosse Aehnlichkeit mit dem sogenannten Stockholmsgranit, Filipstads- und Örebrogranit. Eine genauere Bestimmung der Heimat ist eben nicht möglich.

Dass die erste Vereisung uns auch norwegisches Material gebracht hat, geht aus dem Vorkommen des so kennzeichnenden als Leitgeschiebe zu verwertenden Rhombenporphyrs von Christiania und des Zirkonsyenits von

werden, cf. Lundbohm, Geschiebe aus der Umgegend von Königsberg in Pr., Schrift. d. Phys. ökon. Ges. zu Königsberg, 1888. Mir fehlten jedoch Vergleichungsstücke, um eine eventuelle Heimatsbestimmung machen zu können.

1) Im Unteren Geschiebemergel vielleicht etwas häufiger.

Fredrikswärn und Laurvik hervor[1]). Nur zweimal war ich so glücklich, Rhombenporphyr von Christiania aus dem Anstehenden zu schlagen, einmal aus dem Untern Geschiebemergel von Marienleuchte auf Fehmarn, das andere Mal aus dem Unteren Geschiebemergel von Itzehoe.

Unter den den beiden Moränen am Schulauer Ufer entnommenen Sedimentärgeschieben haben für unsere Gegend als „Leitgeschiebe" die Wesenberger Kalke und die obersilurisch-devonischen Dolomite Geltung.

Was zunächst die Wesenberger Kalke angeht, so bemerke ich, dass ich unter dieser Bezeichnung die von F. Römer folgendermassen gekennzeichneten Gesteine zusammenfasse:[2])

1. Den rot gefleckten oder rot gestreiften festen dichten Kalkstein mit splittrigem Bruch und unregelmässigen Einschlüssen von weissem Kalkspath (Wesenberger Gestein Römers).

2. Den festen, mit Cyclocrinus Spaskii erfüllten, gelblich-grauen Kalkstein (Cyclocrinus-Kalk Römers).

Beide Geschiebearten[3]) stammen nach F. Römer aus der von Fr. Schmidt als Wesenberger Schicht (E.) bezeichneten

---

1) Die Rhombenporphyre sind im Osten unseres Landes garnicht so selten; so habe ich z. B. an der Ostküste Fehmarns vier Rhombenporphyrgeschiebe von Kopfgrösse und darüber beobachtet. Im Westen sind sie jedoch häufiger und fand ich unter andern auch zwei am Roten Kliff auf Sylt.

cf. auch C. Gottsche, loc. cit., pag. 62, Anmerkung 3 u. L. Meyn, Geogn. Verh. Schleswig-Holstein, XI. Vers. d. Land- und Forstwirte, 1848. pag. 579, und Penck, Geschiebeformation Norddeutschlands, Z. d. D. g. G. 1879, pag. 121.

2) Lethaea erratica, pag. 60 u. 61.

3) Cyclocrinuskalk - Geschiebe von demselben petrographischen Habitus, die ausser Cyclocrinus Spaskii noch andere Fossilien enthalten, gehören nach Fr. Schmidt einem tieferen Horizonte an, nämlich der oberen Abteilung der Jeweschen Schicht (D). cf. Fr. Schmidt, Revision d. ostbaltischen silurischen Trilobiten u. s. w. pag. 36.

Schichtenfolge, „die mit auffallendem Gleichbleiben der petrographischen und paläontologischen Merkmale einen Streifen bildet, welcher, bei Hohenholm auf der Insel Dagö beginnend und quer durch Estland ziehend, bis zu dem den Abfluss des Peipus-Sees bildenden Narowa-Flusse sich verfolgen lässt.[1])

Die Bestimmung der in der Liste als Wesenberger Kalke aufgeführten Geschiebe als solche geschah, da ich trotz der verhältnismässig grossen Anzahl nur einmal im Untern Geschiebemergel einen mit Cyclocrinus Spaskii erfüllten dichten graublauen Kalkstein auffand,[2]) lediglich auf Grund der kennzeichnenden petrographischen Beschaffenheit derselben. Es sind zumeist gelbe, blaugraue und bläuliche dichte Kalksteine mit allen den von F. Römer erwähnten Eigenschaften; solche mit roten Flecken oder Streifen (Wesenberger Gestein F. Römers) treten jedoch stark zurück.

Wie aus der Liste erhellt, sind Wesenberger Kalke in einer verhältnismässig bedeutenden Anzahl, — sie kommt der der Vaginatenkalke gleich — beiden Geschiebemergeln am Schulauer Ufer entnommen worden. Falls also thatsächlich Gesteine von solchem petrographischen Habitus in Skandinavien, wie es nach den bisherigen Untersuchungen der nordischen Geologen der Fall zu sein scheint, nicht anstehen sollten, so muss das Heimatsgebiet derselben auf Estland, Dagö und westlich vorgelegene jetzt von der Ostsee bedeckte Gebiete beschränkt sein. Es wird daher auch schon durch das Vorkommen dieser Geschiebe im

1) F. Römer, Lethaea geognostica I T., pag. 17, 1880.

2) Von C. Gottsche und mir sind am Strande mehrere Male mit Cyclocrinus Spaskii erfüllte dichte Kalksteine gesammelt worden; auch fand ich einmal ein derartiges Geschiebe, das ausser Cyclocrinus Spaskii noch Trilobiten und Brachiopoden führt, also wohl aus der Jeweschen Schicht stammt. cf. Anmerk. 3 auf pag. 50.

Untern Geschiebemergel von Schulau bewiesen, dass bereits zur Zeit der ersten Vereisung in der Hauptausdehnung der Ostsee von O. nach W. ein Geschiebetransport erfolgte.

In gleicher Weise petrographisch kennzeichnend aber paläontologisch wenig verwertbar, wie diese Wesenberger Gesteine, erweisen sich die in der Liste aufgeführten obersilurisch-devonischen Dolomit-Geschiebe.

Es sind dies zum Teil hellgelblich-graue, feingeschichtete, merglige, versteinerungsleere Dolomite[1],) zum Teil feste dichte, auch bröcklig poröse und sandig zerreibliche, sowie krystallinische Dolomite von gelblicher, grauer auch grauroter Farbe, unter denen einige auch violettrote resp. ziegelrote flammige Streifen zeigen.[2])

Für erstere vermute ich ein obersilurisches Alter, für letztere, von denen einige durch die Dolomitisierung unkenntlich gewordene Crinoidenstielglieder, Brachiopoden und Bivalven führen, ein devonisches; doch lassen sich die Gesteine im Einzelnen nicht auseinanderhalten, weshalb ich sie denn auch als obersilurisch-devonische zusammen aufgeführt habe. Immerhin aber scheint mir bezüglich gewisser, zur erstern Gruppe gehöriger Dolomitgeschiebe grössere Sicherheit zu herrschen. Diese gleichen nämlich petrographisch ganz genau dem von Herrn Stolley junior bei Kiel im Korallensande gefundenen Dolomitgeschiebe mit Eurypterus Fischeri, dessen Heimat unzweifelhaft die Insel Oesel ist.[3]) Die Eurypterusschichten gehören bekanntlich

---

1) F. Römer, Lethaea erratica, pag. 83.

2) F. Römer, Lethaea erratica, pag. 134.

3) C. Gottsche konnte dieses Geschiebe mit dem von W. Dames beschriebenen ostpreussischen Geschiebe dieser Art, dessen Gesteinsbeschaffenheit Dames (Z. d. D. g. G. 1875, pag. 689) für vollständig mit der des bei Rootziküll auf der Insel Ösel anstehenden Eurypterus-Gesteins identisch erklärt, vergleichen und die petrographische Identität beider feststellen. Die von Fr. Schmidt (Geologie der Insel

zu der, von Fr. Schmidt auf Oesel als Obere Oesel'sche Schicht (K) bezeichneten, obersten obersilurischen Schichtengruppe. Ich stehe daher nicht an, diesen und auch ähnlichen Geschieben ein obersilurisches Alter zuzuschreiben und als ihre Heimat die Insel Oesel oder westlich davon gelegene, jetzt von der Ostsee bedeckte Gebiete anzunehmen.

Der Gesteinscharakter der übrigen Dolomite hingegen macht ein devonisches Alter derselben höchst wahrscheinlich.

Es scheint mir daher wohl statthaft zu sein, diese Geschiebe von Livland oder Kurland herzuleiten; und das um so mehr, als sicher von dort stammende devonische Geschiebe mehrere Male am Schulauer Ufer gesammelt wurden.[1]) Obersilurisch-devonische Dolomite kommen, wie aus der Liste hervorgeht, am Schulauer Ufer in beiden Geschiebemergeln vor; es weisen somit auch diese Gesteine auf einen ost-westlichen Geschiebetransport schon während der ersten Vereisung hin. Das oben erwähnte Dolomitgeschiebe mit Eurypterus Fischeri dürfte übrigens auch im Unteren Geschiebemergel gelegen haben, denn die Korallensande verdanken jedenfalls der Verwaschung der obersten Lagen des Untern Geschiebemergels ihre Entstehung.

Ueber die Zusammensetzung des Geschiebeinhalts der Moränen an andern Orten unsrer Provinz bin ich nicht imstande zahlenmässiges Material zu geben. Ich habe, um die Untersuchungen zu erleichtern, und da es mir natürlich in erster Linie um „Leitgeschiebe" zu thun sein musste, an diesen andern Orten eben nur „Leitgeschieben" meine Aufmerksamkeit geschenkt.

Gotland pag. 18) bei Hammarad auf der Ostküste der Insel Gotland aufgefundenen gleichstehenden Schichten mit Eurypterus Fischeri zeigen eine ähnliche Beschaffenheit wie die von Rootziküll, lassen sich aber bei näherer Vergleichung wohl unterscheiden (F. Römer, Lethaea erratica, pag. 83).

1) cf. C. Gottsche, Sedimentärgeschiebe der Provinz Schleswig-Holstein, pag. 29 u. 30.

Folgende Tabelle giebt Fundorte und Zahl der daselbst gesammelten „Leitgeschiebe“. Ein + bedeutet wieder, dass das Geschiebe mit dem Hammer aus der betreffenden Schicht herausgeschlagen wurde; wo dasselbe fehlt, dass solches zwar nicht der Fall ist, das Geschiebe aber unter solchen Umständen gefunden wurde, dass jeder Zweifel über die Schicht, aus der es stammt, ausgeschlossen ist.

Es handelt sich auch hier nur um Wesenberger Kalke und obersilurisch-devonische Dolomite.

An verschiedenen Orten aus beiden Moränen gesammelte sedimentäre Leitgeschiebe.

		Wesenberger Kalke.		Obersilur-Devon. Dolomite.	
		U. G.	O. G.	U. G.	O. G.
Osten des Landes	Brodtener Ufer bei Travemünde .	1 +	—	—	—
	Marienleuchte auf Fehmarn . . .	1 +	3 +	—	2 +
	Kiel	1 +	1 +	—	1 +
	Kekenishoi auf Alsen	1 +	—	—	—
	Cathrinenhof, Ostküste Fehmarns	1 +	2 +	1 +	—
Westen des Landes	Itzehoe	3 +; 2	—	—	—
	Wasbeck bei Neumünster	1	—	—	—
	Heide	—	—	1	—
	Schobüll bei Husum	1 +; 3	—	1	—
	Mögeltondern	1	—	—	—
	Emmerleff-Kliff[1])	2 +	—	—	—

1) Am Emmerleff-Kliff fand ich am Strande ein Trinucleus-Geschiebe, das bisher in unserer Provinz noch nicht beobachtet worden ist. Es ist ein grau-schwarzer Schiefer, dessen Versteinerungen C. Gottsche, dem ich das Stück vorlegte, als Trinucleus seticornis His., Agnostus sp. und Orthis argentea His. erkannte. Es dürfte somit wohl aus der Etage der schwedischen Trinucleusschiefer stammen. Das Geschiebe hat wahrscheinlich im Unteren Geschiebemergel gelegen, da am Emmerleff-Kliff nur dieser und ohne Geschiebesandbedeckung vorhanden ist.

Auch diese Geschiebe erwiesen sich sämtlich versteinerungsleer; mit Ausnahme eines Dolomitgeschiebes aus dem Obern Geschiebemergel von Marienleuchte auf Fehmarn, das Flossenstacheln und den Abdruck wahrscheinlich einer Murchisonia enthält.

Bemerkenswert ist, dass diese Geschiebe, die bei Schulau so häufig sind, im nördlichen Holstein und im Schleswigschen nur sehr vereinzelt angetroffen werden; doch kommen alle die in der Tabelle genannten auch hier wie bei Schulau in beiden Geschiebemergeln vor. Dieselben weisen mithin auch für diese Gegenden auf einen schon während der ersten Vereisung stattgefundenen ostwestlichen Geschiebetransport hin.

IV. Schlussfolgerungen.

Die vorliegenden Moränenuntersuchungen in der Provinz Schleswig-Holstein, so dürftig sie auch noch sind, haben uns dennoch die Thatsache ergeben, dass eine durchgreifende Verschiedenheit in der Geschiebeführung der beiden Moränen, des Unteren und Oberen Geschiebemergels nicht besteht. Die in dem Oberen Geschiebemergel auftretenden Blöcke von nachweislich östlicher Herkunft, wie die Ålands- und Finlandsgesteine, die Wesenberger Kalke und die obersilurisch-devonischen Dolomite, wurden aller Orten auch im Unteren Geschiebemergel nachgewiesen. Es muss daher gefolgert werden, dass nicht nur zur Zeit der zweiten, sondern auch schon zur Zeit der ersten Vereisung ein Geschiebetransport in nordost-südwestlicher, resp. ost-westlicher Richtung stattgefunden hat, dass somit auch während der ersten Vereisung zu irgend einer Zeit eine Bewegung der Gletscher in eben genannter Richtung erfolgt ist.

Es fragt sich nun, zu welcher Zeit dies geschehen ist. Ob zum Anfang oder zum Schluss der ersten Vereisung. Denn dass zur Zeit der grössten Ausdehnung des ersten Inlandeises die Bewegungsrichtungen desselben von den centralen Partieen Skandinaviens im Allgemeinen fächerförmig, nordsüdlich ausstrahlten, wird durch die horizontale Verbreitung der Geschiebe[1]), sowie durch den Verlauf des sogenannten älteren Schrammensystems in Norddeutschland höchst wahrscheinlich gemacht.

Otto Torrel beantwortet diese Frage dahin, dass ein ost-westlicher Geschiebetransport nicht etwa am Anfange der Eiszeit, sondern erst gegen den Schluss der ganzen Eiszeit während der Abschmelzperiode erfolgt sei; und zwar sieht er die Ursache dieser Ablenkung in der von Anfang an sich radial ausbreitenden Eismassen in einen „baltischen" Strom in dem Widerstande, den die russischen und deutschen Ostseeküsten den während der Abschmelzperiode bedeutend verminderten Eismassen entgegensetzten.

Das ist in der That eine einleuchtende Annahme. Indessen ganz ähnliche Bedingungen, wie während dieser Abschmelzperiode, müssen ja auch am Anfange der Eiszeit geherrscht haben; zu beiden Zeiten waren eben nur geringe Eismassen vorhanden. Ich glaube daher nicht fehl

---

1) cf. F. Römer, Lethaea erratica, pag. 164—169. F. Römer giebt auf diesen Seiten eine Uebersicht der bisher in der norddeutschen Ebene als Diluvialgeschiebe beobachteten Sedimentärgesteine mit Angabe ihres Verbreitungsgebietes und ihrer Heimat.

Das Auffinden z. B. von Rapakiwis am südlichen Rande der unteren Grundmoräne im mittleren und westlichen Norddeutschland würde nicht gegen diese Ansicht sprechen, da diese Gesteine sich dort auf sekundärer glacialer Lagerstätte befinden können, wohin sie von ihrer ursprünglich nördlicher gelegenen primären glacialen Lagerstätte, die ihnen ein baltischer Eisstrom zu Anfang der Vereisung angewiesen hatte, durch die Eismassen der radial nordsüdlichen Richtung geführt wurden.

zu gehen, wenn ich annehme, dass zunächst und vor allem im Anfange der Eiszeit eine ost-westliche Eisströmung sich vollzogen hat. War ja doch die Hohlkehle des Ostseebeckens, wenn auch vielleicht noch nicht in heutiger Tiefe und Gestalt, vorhanden;[1]) und diese musste doch, im Verein mit dem Widerstande der russischen und deutschen Ostseeküste, infolge ihrer Längsausdehnung von Ost nach West dem Eisstrome eine entsprechende Bewegung vorschreiben. Es scheint mir daher, dass im Anfange der ersten Vereisung die schwedischen und finnischen Eismassen ganz direkt gezwungen werden mussten, in der Hohlrinne des Ostseebeckens solange entlang zu fliessen, bis sie diese flache Rinne überfüllten und nun das Eis sich über weite Ländermassen hin ergoss. So wie sich dieser Umschwung der Verhältnisse vollzogen hatte, konnten nun die norwegischen Gletscher, unter ihnen besonders der Kattegatgletscher, welche bis dahin von den schwedischen und finnischen zurückgedrängt und nach Westen hin abgelenkt worden waren,[2]) ihrerseits die schwedischen und finnischen beeinflussen: Sie lenkten daher letztere nach Süden ab; und mit zunehmender Mächtigkeit des Inlandeises bildet sich allmählig jene nord-südliche radial verlaufende Bewegungsrichtung des ersten Inlandeises heraus, wie sie aus dem Geschiebetransport und den Schrammenrichtungen des älteren Systems auf anstehendem Gestein

---

1) Die Ostsee ist schon zur Praeglacialzeit vorhanden gewesen. Dies ist erwiesen durch das Vorkommen der präglacialen Cyprinenthone an der Ostküste Schleswig-Holsteins, den dänischen Inseln, ferner durch das Vorkommen praeglacialer Cyprinen- und Yoldienthone in Westpreussen. Die Ostsee in ihrer heutigen Gestalt ist vorzugsweise als das Werk der Indlandeiserosion anzusehen.

1) Dieselben brachten Rhombenporphyre von Christiania und Zirkonsyenite von Fredrikswaerm und Laurvik nach England. cfr. Helland, Ueber die glacialen Bildungen der nordeuropäischen Ebene. Z. d. D. g. G. 1879, pag. 63 ff.

in der norddeutschen Tiefebene zuerst bestimmter von F. Wahnschaffe betont wurde.

Wenn wir nun sehen, dass auch in Holland und im Oldenburgischen Geschiebe östlicher Herkunft im Untern Geschiebemergel gefunden werden, so sind diese meiner Ansicht nach dorthin gebracht worden durch den im Vorigen von mir wahrscheinlich gemachten baltischen Eisstrom im Beginne der Eiszeit. Diese Annahme ist mir wahrscheinlicher als die andere, dass erst nach der grössten Ausbreitung des ersten Inlandeises, während der Abschmelzperiode, die Ostseesenke einen derartigen Einfluss auf die Bewegungsrichtungen der Eismassen gewonnen haben sollte. Von einem gewissen Einflusse wird freilich das Ostseebecken auch während dieser Abschmelzperiode gewesen sein. Es ist daher wohl nicht nur möglich, sondern sogar wahrscheinlich, dass die Eismassen auch beim Abschmelzen des ersten Inlandeises wiederum in ihren Bewegungen wieder durch die Ostseesenke beeinflusst wurden. Aber das mag zu einer Zeit gewesen sein, zu welcher Holland und vielleicht auch Schleswig-Holstein bereits eisfrei waren, zu welcher daher dorthin gar kein Geschiebetransport mehr stattfinden konnte.

Die zuerst von Otto Torrel schon im Jahre 1864 und später auch von de Geer[1]) vertretene Ansicht, dass die baltischen Blöcke im Hondsrug bei Groningen und bei Jever in Oldenburg durch das zweite Inlandeis dorthin geführt worden seien, lässt sich offenbar nicht mehr aufrecht erhalten. Schon die Untersuchungen Penck's[2]) und nach ihm besonders die Klockmann's[3]) machten das Fehlen

---

1) Ueber die zweite Ausbreitung d. skandinavischen Landeises, Z. d. D. g. G. 1885. pag. 195 u. 196.

2) Archiv für Anthropologie Bd. XV. Heft 3, 1884.

3) Jahrb. d. K. pr. geolog. Landesanstalt u. Bergakademie für 1883, pag. 238 ff.

von Ablagerungen der zweiten Vereisung in diesen Gegenden sehr wahrscheinlich. Neuerdings spricht sich nun auch Lorié[1]) entschieden dafür aus, dass in den Niederlanden nur Ablagerungen der ersten Vereisung vertreten seien. Er widerspricht aus diesem Grunde auch der Ansicht de Geer's, dass der baltische Eisstrom, welcher ja der zweiten Vereisung angehört haben sollte, bei irgend einer Gelegenheit bis in diese Gegenden vorgerückt sei.

Dieselben Gletscherströme der ersten Vereisung, welche åländische und finnische Gesteine, sowie solche aus den russischen Ostseeprovinzen nach Schleswig-Holstein brachten, führten sie eben auch nach Holland und Oldenburg.[2])

Ein älterer baltischer Eisstrom, d. h. ein baltischer Eisstrom schon während der ersten Vereisung, und wie ich wahrscheinlich zu machen suchte im Anfange derselben, scheint somit nicht nur für Schleswig-Holstein, sondern auch für Oldenburg und Holland erwiesen.

Interessant ist es nun und gewissermassen eine Bestätigung meiner Untersuchungen, dass der zuerst von Nathorst[3]) im nordöstlichen Schonen vermutete ältere baltische Eisstrom, der das Söderås in südost-nordwestlicher Richtung überschritten haben sollte, neuerdings durch die Moränenuntersuchungen H. Lundbohm's und die Arbeiten G. de Geer's für das nördliche Schonen und Halland mit ziemlicher

---

1) Contributions à la Geologie des Pays-Bas II, III. Archives du Musée Teyler. Haarlem 1887, pag. 102.

2) cf. über das Vorkommen baltischer Blöcke in Holland und im Oldenburgischen: F. Römer, N. Jahrb. für Min. etc., Jahrg. 1858, pag. 269 u. Z. d. D. g G. 1862, pag. 596; Martin, Niederländische u. nordwestdeutsche Sedimentärgeschiebe, Leiden 1878, pag. 21 u. 22. van Calker, Z. d. D. g. G. Jahrg. 1884 pag. 718 und 1885 pag. 796.

3) Sver. Geol. Und. Sor. Aa, nr 87. Blatt Trolleholm; auf Grund der Auffindung von Glacialschrammen in der Richtung S. 25—30° O. auf und bei dem Söderås, sowie durch das Vorkommen von baltischen Geschieben daselbst.

Sicherheit nachgewiesen ist.[1]) H. Lundbohm's Moränenuntersuchungen im südöstlichen Halland und im nördlichen Schonen haben nämlich ergeben, dass die untere Moräne vorzugsweise baltische Blöcke, die obere hingegen solche führt, deren Transport vom nordöstlichen Schweden her erfolgt sein muss.

Es ist H. Lundbohm natürlich in erster Linie darum zu thun, dem Einwurfe zu begegnen, dass diese baltische Moräne dem jüngeren baltischen Eisstrome Torrel's und de Geer's angehören könne. Da diese seine Auseinandersetzung von besonderem Interesse ist, führe ich dieselbe in wörtlicher Uebersetzung an:

Lundbohm versinnlicht die bis jetzt erkannten Vorkommnisse und Lagerungsverhältnisse der glacialen Bildungen in beiden Gebieten in folgendem Schema:

Im südlichen Halland und nördlichen Schonen:	Im südlichen Schonen:
	D. Moränen mit baltischen Blöcken.
	C. Geschichtete glaciale Bildungen.
B. Moränen mit Blöcken von NO.	B_1 Moränen mit Blöcken von NO. und vereinzelten baltischen Blöcken.
A. Moränen mit baltischen Blöken.	

Er giebt hierzu die folgende Erklärung[2]):

„Wenn nun die baltischen Moränen im nördlichen und südlichen Schonen demselben Eisstrom angehören, so muss auch die Moräne A jünger sein als D, und dann wird man zu der Annahme genötigt, dass entweder der Eisstrom der unteren bei der oben erwähnten Grenzlinie[3]) stehen

1) cf. H. Lundbohm, Om den äldre baltiska istströmmen i södra Sverige. Geol. Fören. i Stockholm Förhandl., Bd. X, 1888, pag. 157 ff.

2) loc. cit., pag. 184.

3) Lundbohm meint die von de Geer gezogene Grenze für den jüngeren „baltischen" Eisstrom. G. de Geer, Om den skandinaviska landisens andra utbredning, Geol. För. i. Stockholm Förhandl., Bd. VII 1884, pag. 436.

geblieben ist, oder auch, wenn er sich auch über das südliche Schonen ausbreitete, dessen Moränen dort ganz und gar denudiert wurden. Diese beiden Möglichkeiten entbehren jeder Stütze durch direkte Beobachtungen, wogegen sehr wichtige Gründe gegen dieselben sprechen. Es ist anstatt dessen höchst wahrscheinlich, dass die nordöstlichen Moränen B und B_1 demselben Zeitraum der Eiszeit angehören, und speziell liegen Gründe für eine solche Auffassung in einigen Beobachtungen von de Geer im südöstlichen Schonen vor, für welche er selbst Rechenschaft abzulegen hat.[1])

Aber wenn dies der Fall ist, so muss auch der mächtige Eisstrom, welchen man bei Tormarp, auf dem Söderås und an andern Stellen bis hinauf zu 225 m über der Meeresfläche spürt, einer älteren Abteilung der Eiszeit angehören, als derjenigen, während welcher die südschonischen baltischen Moränen, welche niemals auf einer grösseren Höhe als 60 m beobachtet wurden, abgelagert wurden. Der erstgenannte ist natürlich auch über das südliche Schonen hinweg gegangen, aber da demselben dort wenigstens zwei Eisrichtungen folgten, so müssen dessen Spuren im Allgemeinen verborgen oder zerstört sein, oder auch auf solche Weise auftreten, dass sie mit denjenigen des jüngeren baltischen Stromes verwechselt werden können."

Auch Lundbohm vermutet, wie ich das schon oben wahrscheinlich zu machen suchte, dass der ältere baltische Eisstrom dem Beginne der Eiszeit angehöre. Er sagt hierüber: „Die Vermutung, welche Nathorst aufgeworfen hat, dass das ältere baltische Eis dem früheren Teil der Eiszeit angehörte, scheint a priori sehr wahrscheinlich, da man annehmen darf, dass das skandinavische Landeis damals

---

1) de Geer, Om isdelarens läge under Skandinaviens begge nedisningar. Geol. För. i Stockholm Förhandl., Bd. X., 1888, pag. 195 ff.

ungefähr dieselben Perioden durchmachte, wie während der Abschmelzperiode, obgleich in entgegengesetzter Ordnung, und es ferner anzunehmen ist, wenn auch nicht zu beweisen, dass die nordöstlichen Moränen B und B_1 sich von der Zeit herschreiben, wo das Eis seine grösste Mächtigkeit erreichte." Lundbohm bemerkt ferner: „Es liegt nun ganz nahe, anzunehmen, dass das ältere baltische Eis aus ähnlichen Ursachen wie das jüngere sich einen Weg gegen Nordwesten gesucht hat; aber da das erstere, wie die Kartenskizze und die Höhenziffern in der Zeichnung zeigen, so mächtig war, dass es, nachdem es schräg über Schonen passiert war, die 200 m Kurve in Halland hat überschreiten können, so hat es folglich, ehe es dazu gezwungen werden konnte, ein so bedeutendes Hindernis zu überwinden, sich über einen viel grösseren Teil von Norddeutschland ausbreiten müssen, als das jüngere baltische Eis; denn die genannte Kurve liegt da weit südlich von der Grenze des letzteren. Auch hat de Geer mir mitgeteilt, dass er ausser den baltischen Blöcken in Sachsen und Schlesien, welche, wie er schon 1882 vermutete, einem älteren baltischen Eisstrom angehören, auch vor einigen Jahren im Unteren Geschiebemergel bei Joachimsthal und Rathenow, N. und W. von Berlin, wenige aber sichere baltische Blöcke gefunden hat und deshalb annimmt, dass sowohl diese als auch diejenigen, die man schon früher von Holland und von Bornholm's höheren Teilen kennt, dem älteren baltischen Eisstrome angehören. Vielleicht können auch die von F. Wahnschaffe bei Velpke-Danndorf und Gommern beschriebenen Moränen demselben zugerechnet werden."

Verfasser erhielt erst Kenntnis[1]) von der Lundbohmschen Arbeit, als derselbe die Ergebnisse seiner Beobach-

1) Und zwar am Ende vorigen Jahres durch die in folgender Anmerkung citierte Arbeit von Wahnschaffe.

tungen bereits niedergelegt hatte. Die Übereinstimmung beider ist überraschend, dürfte aber auch zugleich als gegenseitig beweisend für die Richtigkeit der Beobachtungen betrachtet werden; denn beide wurden in verschiedenen Ländern angestellt.

Gestützt auf eben diese Lundbohm'sche Arbeit und das Vorkommen sicher auf Estland und Åland zurückzuführender Geschiebe im westlichen Glacialgebiete, ist nun auch in jüngster Zeit von F. Wahnschaffe der Gedanke einer zu Beginn der Eiszeit möglicherweise stattgefundenen Ablenkung der Eismassen nach Westen hin ausgesprochen worden. Derselbe sagt:[1]) „Es ist möglich, dass man für Norddeutschland zur Zeit der ersten Vereisung bei grösster Mächtigkeit des Landeises im Allgemeinen eine nord-südliche radial sich ausbreitende Richtung des Geschiebetransportes annehmen kann, jedoch mit Ablenkungen nach West bei Beginn dieser Periode, als das Eis noch nicht die Mächtigkeit besass, um den von den deutschen und russischen Küstengebieten ausgeübten Widerstand überwinden zu können. Dagegen spricht vieles dafür, dass das Eis in der Periode der zweiten Vereisung, in welcher es nicht die Mächtigkeit und Ausdehnung wie in der ersten erlangte, vorherrschend eine ost-westliche Bewegungsrichtung besessen haben mag.“

Fassen wir zum Schlusse die Ergebnisse der vorliegneden Untersuchungen auf Schleswig-Holsteinischen Gebiet noch einmal zusammen, und fragen wir uns, inwieweit sie die für Norddeutschland noch heute herrschende, am Schlusse der Einleitung erwähnte, Ansicht über Ausdehnung und

1) Bemerkungen zu dem Funde eines Geschiebes mit Pentamerus borealis bei Havelberg, Jahrb. d. preuss. geolog. Landesanstalt. Berlin 1888, pag. 140 ff.

Bewegungsrichtung des Inlandeises bestätigt resp. aufzugeben zwingt, so ergiebt sich das Folgende:

1. Die vorliegenden Untersuchungen über Ausbreitung des Oberen Geschiebemergels in Schleswig-Holstein haben dargethan, dass derselbe weniger mächtig und weniger weit nach Westen hin ausgedehnt ist als der Untere; ein Ergebnis, welches sich in gleicher Weise ja auch für andere Gebiete betreffs seiner Mächtigkeit und Ausdehnung nach Süden herausgestellt hat. Der Obere Geschiebemergel scheint in Schleswig-Holstein im Allgemeinen auf den östlichen der drei Parallelgürtel beschränkt, greift jedoch im südlichen Holstein auf den mittleren über.

2. Durch die vorliegenden Moränenuntersuchungen ist erwiesen worden, dass eine durchgreifende Verschiedenheit in der Geschiebeführung der beiden Moränen nicht besteht, so dass sich also der Obere Mergel vom Unteren auf Grund der Geschiebe nicht unterscheiden lässt.

3. Es lässt sich ferner die Ansicht, dass erst zu Zeit der zweiten Vereisung ein ost-westlicher Geschiebetransport in Norddeutschland stattgefunden habe, auf Grund meiner Moränenuntersuchungen nicht mehr aufrecht erhalten.

a) Diese Moränenuntersuchungen haben vielmehr ergeben, dass bereits zur Zeit der ersten Vereisung ein ost-westlicher Geschiebetransport erfolgt sein muss, und zwar wie wahrscheinlich gemacht wurde zum Anfange, sowie vielleicht auch wiederum zum Schlusse derselben.

b) Für die Ansicht, dass zur Zeit der grössten Mächtigkeit des ersten Inlandeises im Allgemeinen eine nordsüdliche radial sich ausbreitende Richtung des Geschiebetransportes anzunehmen sei, scheinen die Moränenuntersuchungen Schleswig-Holsteins durch das Auffinden des kennzeichnenden Rhombenporphyrs von Christiania an zwei Stellen im Unteren Geschiebemergel zu sprechen.

c) Die Ansicht, dass die Eismassen der zweiten Vereisung vorherrschend in ost-westlicher Richtung geflossen seien, wird durch meine Moränenuntersuchungen nur in sofern gestützt, als sie zu ergeben scheinen, dass Geschiebe östlicher Abkunft im Oberen Geschiebemergel sich häufiger finden als im Unteren. Diese Frage wird jedoch erst entschieden werden können, wenn weitere vergleichende Untersuchungen des Inhaltes des Unteren und Oberen Geschiebemergels für alle die Gebiete vorliegen, in denen der Obere Geschiebemergel zur Ablagerung gelangte.

Wir würden somit mindestens zwei, möglicherweise aber auch drei baltische Eisströme haben: Zum Beginn der ersten Vereisung, zum Schluss derselben und während der zweiten Vereisung.

Es sei mir auch hier erlaubt, nochmals den Herren, die zu dieser Abhandlung in irgend welche Beziehung getreten sind, meinen verbindlichsten Dank auszusprechen; so den Herren Professoren H. Haas und J. Lehmann, ferner den Herren Doktoren A. Jentzsch und F. Wahnschaffe, sowie ganz besonders den Herren Professoren W. Branco und W. Dames und Herrn Dr. C. Gottsche. Herrn Dr. C. Gottsche verdanke ich vielfache Anregung und Belehrung auf dem Gebiete des Geschiebestudiums.

Ferner bin ich auch meinem Freunde Herrn Dr. Pipping aus Helsingfors für seine freundliche Hülfe beim Lesen der dänischen und schwedischen Autoren zu lebhaftem Danke verpflichtet.

Thesen.

1. Vulkanische Ausbrüche lassen sich ungezwungen erklären auch ohne die Annahme, dass die Expansivkraft des Wasserdampfes die treibende Kraft sei.

2. Die Gebirgsbildung vollzieht sich auch noch in der Gegenwart.

VITA.

Natus sum Oskar Zeise a. d. X. Cal. Jul. anni MDCCCLX Altonae, patre Theodoro, Bertha e gente Bolten matre.

Primis literis imbutus, duos per annos artem patris machinarum fabricationem secutus sum. Tum anno MDCCCLXXX in gymnasium quod vocant Reale receptus sum, cujus scholas ter senos menses frequentavi. Anno MDCCCLXXXII maturitatis testimonii instruxerunt me praeceptores Gymnasii Coloniensis.

Tum vere anni MDCCCLXXXII Gottingam me contuli, ut Rerum Naturalium studiis me darem atque semestre moratus Lipsiam migravi, deinde Turicum, Kiliam, Berolinum, uti tres per annos remansi, iterumque Kiliam, unde ad hanc almam studiorum matrem me contuli.

Docuerunt me v. v. c. c. Professores:

Beyrich, von Bezold, Chun, Dames, Dubois-Reymond, Egli, Glogau, Haas, Hahn, von Helmholtz, Keller, Kiepert, Klein, Klinkerfues †, Krohn, Krümmel, Krüger, Lehmann, Meyer, von der Mühll, von Noorden †, Paulsen, Rammelsberg, von Richthofen, Roth, Stern, Strümpell, Tenne, von Treitschke, Wahnschaffe, Websky †, Wolf.

His viris omnibus optime de me meritis semper debitam gratiam habebo.

www.ingramcontent.com/pod-product-compliance
Lightning Source LLC
Chambersburg PA
CBHW060800310726
48980CB00002B/177

* 9 7 8 3 8 4 6 0 6 9 7 9 0 *